Frank und Katrin Hecker

Das große
Naturerlebnisbuch

mit 302 Farbfotos

Inhalt

FRÜHLING

SOMMER

HERBST

WINTER

 Natur erleben
und genießen

 experimentieren
und probieren

 basteln, bauen
und kreieren

 spielen und
toben

INFO-ECKE

Wasser und Erde, Blumen und Tiere

Wann sind Sie das letzte Mal über einen Bach balanciert? Wann haben Sie die Wunderwelt Wiese aus der Frosch-Perspektive bestaunt, gekostet, wie Gänseblümchen schmecken oder beobachtet, wie aus der Raupe ein Schmetterling wird? Lassen Sie sich gemeinsam mit Kindern auf das wunderbare Abenteuer Natur ein.

Stille zulassen, die Sinne gebrauchen und aufmerksam sein.

Mittlerweile ist es sogar wissenschaftlich bewiesen: Kein Spielplatz, kein Computerspiel und auch kein Kinderzimmer kann unseren Kindern einen auch nur annähernd so reichen Schatz an Erfahrungen und Eindrücken bieten, wie der Aufenthalt in der Natur. Nirgendwo sonst wird ihre Motorik derart herausgefordert wie beim Klettern und Hangeln über Baumwurzeln und Bäche, ihre fünf Sinne so geöffnet und sensibilisiert. Die Natur zu entdecken, zu erforschen, ihre immer wiederkehrenden Rhythmen und Tiere und Pflanzen zu kennen – das schenkt unseren Kindern Vertrauen in die Welt, in der sie leben, und in sich selbst.

Mit allen Sinnen

Aus Selbstschutz vor einer Reizüberflutung lernen Kinder heute oft viel zu früh, ihre Sinne einfach auszuschalten. Doch wir brauchen all unsere Sinne, um Dinge buchstäblich „be-greifen" und „er-fassen" zu können: Erst Eindrücke, die wir mit allen fünf Sinnen gewonnen haben, führen zu anhaltenden Verknüpfungen der Nervenzellen im Gehirn.

In der Natur sind Geräusche kein störender Lärm – hier können wir es wagen, unsere Ohren aufzusperren und zu lauschen. Selbst unruhige Kinder können sich in freier Natur oft erstaunlich lange konzentrieren. Die Farben sind gedämpft – das schärft die Beobachtungsgabe und jedes noch so kleine Detail wird plötzlich wahrgenommen. Abseits von Abgasen erschnuppern wir den frischen Waldboden, die Blumen und wie unser Sohn uns glaubhaft versichert, kann er sogar Wasser „riechen". Auf keinem anderen Spielplatz haben Kinder die Möglichkeit, so viel zu ertasten, zu erspüren wie hier: Die weiche, humusreiche Erde, feuchte Moospolster, glatte, weich gewaschene Steine im Bach, Baumwurzeln unter den Füßen oder das Weidenkätzchen, das zarte Kinderwangen streichelt.

Unsere Umwelt begreifen

Rhythmen geben uns im Alltag Sicherheit und Vertrauen. Mit den Rhythmen der Natur zu leben, war für uns Menschen über Jahrtausende überlebenswichtig. Dieses Erbe tragen unsere Kinder in sich, egal wo sie aufwachsen. Lassen Sie die Kinder den Wechsel der Jahreszeiten bewusst erleben und spüren, beobachten Sie mit ihnen die Veränderungen in der Natur und helfen Sie ihnen, diese zu verstehen. Erleben Sie dabei die Grundelemente Feuer, Erde, Wasser und Luft. Lernen Sie, welche Pflanzen giftig, welche essbar sind, welche Tiere harmlos sind und vor welchen Sie sich in Acht nehmen müssen. Denn wie soll ein Kind, das seine Umwelt fürchtet, selbstbewusst und sozial kompetent sein? Das Eingebundensein in die Natur, in unseren Kosmos und seine Elemente hilft unseren Kindern, sich selbst in einem größeren Zusammenhang sehen zu können und schenkt ihnen seelische, gesundheitliche und körperliche Stabilität.

Klettern, hangeln, balancieren

Kein DIN-genormtes Spielgerät, kein Piraten-Hochbett und keine Sandkiste fordert die Motorik unserer Kinder derart heraus: Kreuz und quer durchziehen freiliegende Baumwurzeln den Waldboden, da muss ein Baumstamm-Hindernis überwunden oder unterkrabbelt werden, dort will fester Halt auf glitschigen Steinen gefunden werden. Augen, Hände, Füße und Verstand müssen hier gut kooperieren. Das schult gleichzeitig Koordination, Motorik, Denkvermögen und die Fähigkeit, individuelle Entscheidungen zu treffen und Ziele zu erreichen.

Kleine Krötenretter

Ein Kind, das einmal eine Kröte vom Asphalt gerettet hat, wird dieses wunderbare und überhaupt nicht glitschige Tier in seiner Hand niemals wieder vergessen. Die Ehrfurcht vor allem Lebendigen lässt unsere Kinder zu feinfühligen und verantwortungsvollen Menschen heranwachsen.

Glitzerndes Frühlingswasser, warme Sonne und einfach das Leben in sich spüren.

Das Abenteuer Natur erleben

Kinder erleben die Natur einfach anders. Deutlich bewusst wurde uns dies im letzten Sommer bei einer geführten Exkursion durch den Wald: Während wir Erwachsenen andächtig dem bodenkundlichen Vortrag lauschten, taten unsere scheinbar gelangweilten Kinder in Wirklichkeit etwas ganz Bemerkenswertes.

Sie fingen an, im Boden herum zu wühlen. Durchaus planvoll trugen sie Schicht um Schicht ab, sortierten und untersuchten das Gefundene. Besser kann man den Unterschied kaum erklären: Während wir versuchen, alles über unseren Verstand zu begreifen, setzen Kinder automatisch ihre Sinne dazu ein: Da wird gebohrt, gefühlt, geschnuppert und sortiert. Als nächstes führte unsere Exkursion uns zu einem Bachtal, dessen Entstehung während der Eiszeit recht bemerkenswert war. Während wir nun von oben zum Bach hinunter schauten, in der brütenden Sommerhitze standen und horchten, hatten unsere begeisterten Kinder längst Schuhe und Strümpfe ausgezogen, hüpften bald hüfttief durch das kühle Wasser, fingen kleine Frösche und erlebten einfach den Bach – begleitet von teils missbilligenden, teils neidvollen Blicken der Erwachsenen.

Ausgetretene Pfade verlassen

Es den Kindern einfach mal wieder gleich zu tun, für einen kurzen Moment unsere Vernunft abzuschalten und stattdessen unsere Sinne einzuschalten, ist tatsächlich der beste Garant für ein wunderbares, gemeinsames Naturerlebnis. Schlendern Sie einfach mal fernab ausgetretener Pfade ziellos durch den Wald. Nehmen Sie auf einer Baumwurzel Platz und halten einfach inne. Lassen Sie sich von der Begeisterung und dem Entdeckerdrang der Kinder anstecken, legen Sie sich auf den Bauch, um in den Fuchsbau zu schauen oder auf den Rücken, um die Baumkronen über sich wogen zu sehen. Sammeln Sie Rindenstückchen, Moos und schöne Steinchen, um daraus etwas zu Basteln und nehmen Sie dabei keine Rücksicht auf die Sauberkeit ihrer Kleidung!

Wenn Sie solche Schritte gehen, werden Sie schnell feststellen, wie auch Ihre Kinder viel offener werden. Sie werden aufmerksamer für das, was Sie ihnen zeigen und erklären, mit ihnen erleben möchten. Gleichzeitig verstehen sie so aber auch die Grenzen der „freien Natur" leichter. Denn natürlich dürfen Kinder nicht alles ausprobieren – manch ein Baum ist zu hoch, manch ein Bach zu reißend und es gibt auch stechende Tiere und giftige Pflanzen, die kei-

WUSSTEN SIE SCHON??

Aufgepasst – Zecke & Co

Hartnäckig hält sich der Glaube, Zecken würden auf Bäumen lauern und sich fallen lassen. Wahr ist, dass die meisten Zecken auf Wiesen zu Hause sind und hier beim Durchstreifen an der Kleidung hängen bleiben. Da Zecken beim Blutsaugen Krankheiten übertragen können, sollten Sie sich und die Kinder nach jeder Expedition auf Zecken absuchen. Rötet sich ein Zeckenbiss stark, suchen Sie bitte einen Arzt auf. Die Gefahr, sich beim Essen roher Früchte auf „Hunde-Pipi-Höhe" mit Erregern des Fuchsbandwurms zu infizieren wird in Fachkreisen sehr unterschiedlich bewertet. Sicher ist sicher: Essen Sie keine rohen Früchte, die unter hüfttief wachsen. Abkochen tötet die Erreger.

Entdecken und staunen: Unsere Kinder sind die wahren Forscher.

nesfalls gestreichelt oder gesammelt werden dürfen.

Die richtige Ausrüstung

Vergessen Sie bitte alles, was Sie von Ihren Eltern über Sonntags-Familien-Spaziergänge gelernt haben und vermasseln Sie sich und den Kindern nicht den Spaß an der Natur durch die falsche Bekleidung. Jeder, der Sie kennt, weiß sicher, dass Sie saubere Hosen

Früh übt sich: Natur erleben kennt keine Altersbeschränkung.

und Jacken besitzen. In der Natur sind sie eher hinderlich, weil man sich ja kaum traut, damit über einen bemoosten Baumstamm zu rutschen, sich am Bachufer hinzuknien oder sonst irgendetwas zu erleben. Das richtige Schuhwerk sind entweder feste Wanderstiefel (möglichst wasserfest) oder Gummistiefel. Immer mit muss eine regendichte Jacke, sehr nützlich bei Regen und Sonne ist ein Hut oder Käppi.

Zu jeder Expedition gehört natürlich ein Rucksack mit

- reichlich Trinkwasser (süße Getränke locken Wespen!)
- einem Picknick (Brote, Obst und Kekse)
- Handy und Taschenmesser
- Plastiktüten oder Leinenbeuteln zum Sammeln von Schätzen
- einer Becherlupe
- einem Kescher
- einem Mücken-Zeckenspray
- Papiertaschentüchern und Müllbeutel für die Notdurft zwischendurch.

FRÜHLING

10 Jahreszeiten:
Der Phänologische Kalender

Ereignisse in der Natur folgen bestimmten Rhythmen – und die halten sich nicht unbedingt an unseren Kalender. In manchen Jahren ist es Ende Januar schon frühlingshaft warm, in anderen weht im Mai noch ein eisiger Wind. Der Phänologische Kalender sagt Ihnen, in welcher Jahreszeit wir uns tatsächlich befinden.

Sonnenklar: Wenn der Holunder seine duftenden Blütenschirme öffnet, ist Sommer!

mer ist jetzt zu Ende. Herbst ist, wenn sie Hagebutten, Weißdornbeeren und Schlehen als Vogelfutter-Vorrat pflücken. Wenn dann die Eichen und Buchen ihre Blätter abwerfen, fängt endgültig der Winter an. Aber nur, bis die Hasel gegenüber wieder blüht, denn er zeigt den nahenden Frühling an.

Kein Hokuspokus

Diesem Kalender ist es gleich, ob Januar ist oder schon März: Blüht die Hasel, so ist es Vorfrühling. Den Phänologischen Kalender hat sich übrigens nicht irgendjemand ausgedacht – er basiert auf jahrhundertelangen Aufzeichnungen regelmäßig wiederkehrender Ereignisse aus Land- und Forstwirtschaft, Meteorologie und Ökologie. Neben den Phänomenen in freier Natur sind deshalb auch viele Gartenpflanzen gute „Zeiger".

Nicht nur für Bullerbü-Kinder!

Im fühlbaren Wechsel der Jahreszeiten aufzuwachsen, ist nicht allein Astrid Lindgrens „Kindern von Bullerbü" vergönnt. Entdecken Sie gemeinsam mit Ihren Kindern den Wechsel der 10 Jahreszeiten: Streifen Sie gemeinsam in regelmäßigen Abständen durch die Natur und entdecken Sie die Phänomene, die uns die Jahreszeit verraten! Entdecken Sie mit Ihren Kindern, wie im April zartgrüne Blätter aus Knospen „schlüpfen", genießen Sie die Düfte des Sommers und den wunderbaren Geschmack heimischer Herbstfrüchte.

Jubelnd streift Knut Schuhe und Strümpfe von den Füßen und springt barfuß über die Wiese: „Der Holunder blüht doch! Es ist Sommer!" Und wenn die weißen Blütendolden sich dann in zwei Monaten schwarzrote Beeren verwandelt haben, schnippeln die Kinder sie vom Busch, kochen daraus einen feinen Kinderpunsch und spüren: Der Som-

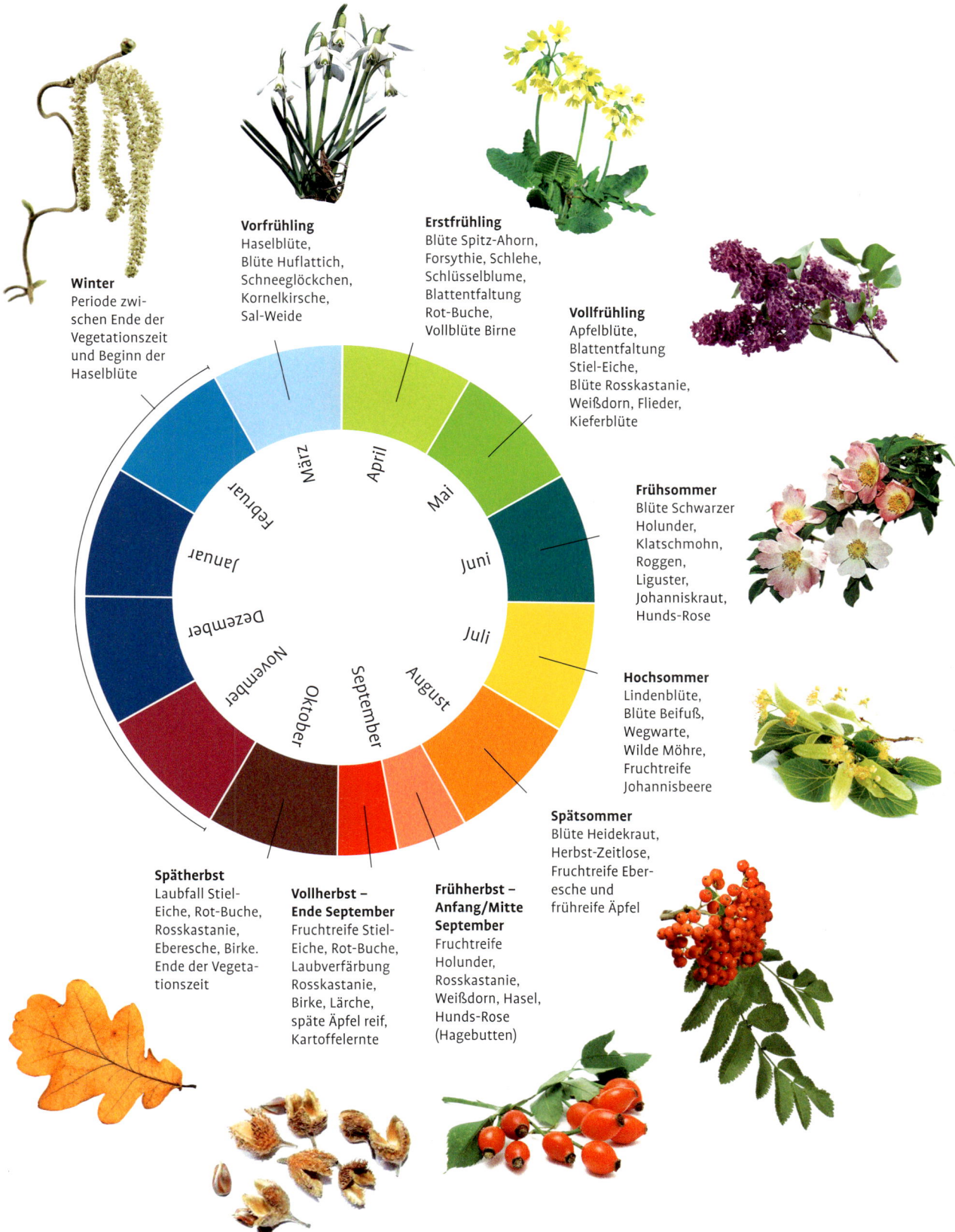

Winter
Periode zwischen Ende der Vegetationszeit und Beginn der Haselblüte

Vorfrühling
Haselblüte, Blüte Huflattich, Schneeglöckchen, Kornelkirsche, Sal-Weide

Erstfrühling
Blüte Spitz-Ahorn, Forsythie, Schlehe, Schlüsselblume, Blattentfaltung Rot-Buche, Vollblüte Birne

Vollfrühling
Apfelblüte, Blattentfaltung Stiel-Eiche, Blüte Rosskastanie, Weißdorn, Flieder, Kieferblüte

Frühsommer
Blüte Schwarzer Holunder, Klatschmohn, Roggen, Liguster, Johanniskraut, Hunds-Rose

Hochsommer
Lindenblüte, Blüte Beifuß, Wegwarte, Wilde Möhre, Fruchtreife Johannisbeere

Spätsommer
Blüte Heidekraut, Herbst-Zeitlose, Fruchtreife Eberesche und frühreife Äpfel

Frühherbst – Anfang/Mitte September
Fruchtreife Holunder, Rosskastanie, Weißdorn, Hasel, Hunds-Rose (Hagebutten)

Vollherbst – Ende September
Fruchtreife Stiel-Eiche, Rot-Buche, Laubverfärbung Rosskastanie, Birke, Lärche, späte Äpfel reif, Kartoffelernte

Spätherbst
Laubfall Stiel-Eiche, Rot-Buche, Rosskastanie, Eberesche, Birke. Ende der Vegetationszeit

März, April, Mai, Juni, Juli, August, September, Oktober, November, Dezember, Januar, Februar

Frühlingsblumen:
Der Waldboden wacht auf

Im März ist es endlich soweit: Der Waldboden verwandelt sich nach und nach in einen bezaubernden, weißen, zart duftenden Sternchenteppich; aber nur solange die Bäume noch keine Blätter tragen. Denn jetzt dringt das Sonnenlicht noch bis zum Waldboden und lockt die Frühblüher hervor.

Die ersten Frühlingsblüher im Wald: Buschwindröschen.

Zuerst wagen sich hier und da die ersten Buschwindröschen (Seite 14) aus dem Boden – in Laubwäldern bedecken sie in wenigen Wochen bald den ganzen Waldboden. Kleine Veilchenpolster (Seite 14) fallen

kaum auf, duften dafür umso feiner. Aus runzeligen Blattrosetten schieben Schlüsselblumen (Seite 14) ihre gelben Blüten auf langen Stielen der Sonne entgegen und an Wegrändern blühen Scharbockskraut und Taubnessel (Seite 14 und 15). Nach wenigen Wochen werden diese Frühblüher im Wald von Waldmeister, Bärlauch und Aronstab (Seite 15) abgelöst. Viele dieser Pflanzen überwintern als kräftige Zwiebel im Waldboden und können deshalb schneller sprießen als winzige Samen.

Unser Fleckchen Wald

➜ Vorbereitung: Leinenbeutel zum Schätze sammeln, gesundes Picknick

Erleben Sie in diesem Frühjahr, wie das Leben am Waldboden wieder zu pulsieren beginnt – spüren Sie die umwälzenden Veränderungen, die sich hier in den nächsten acht Wochen abspielen aktiv und mit allen Sinnen. Suchen Sie von März bis Mai ein Waldstück mehrmals auf. Lassen Sie sich Zeit, wandern sie nicht, schlendern Sie durch den Wald und lassen Sie Ihre Kinder zum Stöbern und Sammeln von Waldschätzen die Wege verlassen. Wählen Sie dann gemeinsam ein Fleckchen aus, das in den nächsten Wochen „Ihr" Waldstück sein wird. Weihen Sie es feierlich mit einem Picknick auf dem Waldboden ein. Nehmen Sie sich Zeit, die Schätze der Kinder zu bewundern – wie fühlen sie sich an? Vielleicht machen sie Geräusche oder duften? Was mag es sein? Von welchem Tier, welcher Pflanze kommt

WUSSTEN SIE SCHON??

Ein Waldsofa bauen

Ein Sofa im Wald zu errichten, ist eine beliebte Aktion für bewegungsfreudige Kinder. Planen Sie es noch vor dem Picknick und ruhigen Wahrnehmungen ein, so haben Sie ausgetobte, konzentrationsfähige Kinder – und einen trockenen Sitzplatz. Sammeln Sie größere Äste, Zweige und Laub aus der Umgebung (bitte nichts Lebendes abreißen). Zuunterst legen Sie die großen Äste; stecken Sie dünnere Äste und Zweige dazwischen und polstern Sie alles gut mit trockenem Laub aus. Besonders gemütlich ist das Sofa in Form eines Halbkreises.

es wohl? Sind Schätze dabei, die letztes Mal noch nicht da waren? Dies ist auch der richtige Platz, um „auf Waldfühlung" zu gehen und die Kinder ein Waldbild kreieren zu lassen.

Waldfühlung

Strecke Dich am Waldboden aus und schau in die Baumkronen. Wie fühlt es sich an, hier zu liegen? Dringt das Sonnenlicht durch die Äste zu Dir hinunter? Gibt es schon Blätter an den Bäumen? Öffnen sich schon Knospen? Schnuppere den Duft der Blumen, die hier blühen. Wie fühlt sich die Erde an, das raschelnde Laub unter Dir? Ist es kühl oder warm? Hart oder weich? Schließe die Augen – was nimmst Du jetzt wahr?

Waldbild

➜ Vorbereitung: Zeichenkarton, schnell trocknender Flüssigkleber (zum Beispiel Holzleim „express"), Schere, Wolle

Lassen Sie Ihr Kind Blüten, Blätter, Gräser, Rinde, Moos, Waldboden und andere Schätze sammeln. Als Rahmen wird außerdem

ein biegsamer Zweig benötigt. Den Zeichenkarton etwa kreisrund ausschneiden und 4 Löcher hinein pieksen. Nun wird der Karton flächig mit Kleber bestrichen und die Kinder können ihre gesammelten Schätze darauf arrangieren. Alles gut trocknen lassen. Zum Schluss den Zweig zum einem Kreis biegen und oben mit Wolle zusammen binden. Durch jedes der 4 Löcher im Karton einen Wollfaden ziehen und damit das Waldbild am Zweig-Rahmen festknoten.

Umwerfend unwiderstehlich: der Duft unserer allerersten Frühlingsblumen.

WALDBLUMEN...

Purpure Frühlingsboten

Unzählige Gedichte und Sagen ranken sich um das VEILCHEN. Man sagt, die Frühlingsgöttin Persephone sei über die Erde geschritten, um sie zu beleben. Unter jedem ihrer Schritte blühen jetzt kleine Veilchenteppiche. Duftet das Veilchen atemberaubend süß, so ist es das Echte März-Veilchen.

Sternchen und Nüsse

Mitte April ist in vielen Laubwäldern der ganze Boden mit den Blüten der BUSCHWINDRÖSCHEN bedeckt. Wer Mitte Mai denselben Wald besucht, findet keine Blüten mehr: An den Stängeln hängen nun viele, kleine, grüne Nüsschen! Wo sie abfallen, kann ein neues Buschwindröschen keimen.

Sonnen und Herzen

Mit Blüten wie leuchtende Mini-Sonnen und ihren hübschen, glänzenden Blatt-Herzen ist das SCHARBOCKSKRAUT unverwechselbar. Weil es zu den allerersten Blumen im Jahr zählt und oft riesige Flächen in Wäldern und an schattigen Wegrändern bedeckt, ist es wirklich nicht zu übersehen.

Himmelsschlüssel

Ihre gelben Blüten sitzen alle oben am Ende eines langen Stängels und erinnern an einen Schlüsselbund. Der Sage nach ließ der Hüter der himmlischen Pforte einst seine Schlüssel auf die Erde fallen – an dieser Stelle wuchs die erste SCHLÜSSELBLUME. Sie stehen unter Naturschutz, deshalb bitte nicht pflücken.

... ERKENNEN

Gar nicht brenzlig!

Die Blätter der TAUBNESSEL brennen garantiert nicht, auch wenn sie aussehen wie die der Brennnessel. Nur die Taubnessel hat aber hübsche Blüten – je nach Art sind sie weiß, gelb oder purpurn. An ihrem Grund steckt ein Tröpfchen süßer Nektar. Blüten einfach abzupfen und aussaugen!

Fiese Falle

Wie schmutzigweiße Tüten stecken die Blüten vom ARONSTAB im Waldboden. Darin stinkt es ein bisschen. Mit diesem Geruch lockt er Fliegen an. Die rutschen in die Tüte und kommen nicht mehr raus, bis sie den Aronstab bestäubt haben. Dann verwelkt die Blüte und lässt die Fliege wieder frei.

Wald-Knoblauch

Die Blätter vom BÄRLAUCH schmecken nach Knoblauch und sind sehr gesund. Aber Vorsicht! Die sehr giftigen Maiglöckchen-Blätter sehen ganz ähnlich aus! Deshalb mit der Ernte bis zur Blütezeit Anfang Mai warten: Bärlauch hat weiße Sternchenblüten, Maiglöckchen hängende Glöckchen.

Für die Maibowle

Der kleine WALDMEISTER gibt grünen Götterspeisen und auch der traditionellen Maibowle ihren typischen Waldmeister-Geschmack: drei Stängel pflücken, anwelken oder trocknen lassen und kurz (!) in ein Gemisch aus Apfelsaft und Mineralwasser eintauchen. Fertig ist die Kinder-Maibowle!

Natur-Werkstatt:
Kreativ mit Weiden

Die Zweige der Weiden sind extrem elastisch und deshalb für die verschiedensten, phantasievollen Flechtarbeiten geeignet. Was Kinder besonders fasziniert, ist die Lebenskraft, die jedem noch so kleinen Zweigstückchen innewohnt: So wächst aus jedem Bruchstück bald eine neue Weide heran!

Kopfweiden sind tolle Bastel-Bäume und Lebensraum für viele Tiere.

weiden zu schneiden! Vielleicht gibt es im Kindergarten, auf dem Schulhof oder im eigenen Garten auch ein Plätzchen, wo aus einem dickeren Weidenast eine neue Kopfweide heranwachsen darf – so haben Sie Ihr Bastelmaterial immer vor der Haustür parat.

Anmerkung: Da Kopfweiden ja niedrig sind, braucht man keine Leiter – die Kinder können gefahrlos hineinklettern (sehr beliebt).

Ein lebender Zaun

➜ Vorbereitung: Spaten, Weidenzweige, Schnur, Gießkanne und Wasser

Markieren Sie den gewünschten Verlauf des Weidenzaunes und heben Sie entlang der Markierungslinie einen Graben aus. Er sollte mindestens 30 cm tief sein, damit es den Weiden nicht zu trocken wird. Stecken

Selber ernten

➜ Vorbereitung: kleine Handsägen (klappbare „Campingsägen" sind für Kinder ab ca. 7 Jahren gut handzuhaben), Astscheren, für dünnere Zweige genügen Rosenscheren

Wie kommt man an Weidenzweige heran? Am schönsten ist es, sie draußen in der Natur mit den Kindern gemeinsam zu schneiden. Scheuen Sie sich nicht, Landwirte, private Besitzer oder Naturschutzorganisationen vor Ort anzusprechen. Viele sind sogar dankbar, wenn man hilft, ihre Kopf-

Sägen, schnippeln, schleppen: Hier können Kinder tatkräftig helfen.

diese Löcher etwas Holzleim geben und die dickeren Weidenruten hineinsteckten. Nun werden die dünneren Weidenruten hindurch geflochten.

Da wachsen Wurzeln!

➜ Vorbereitung: Glasvase (leeres Gurkenglas), Wasser und Weidenzweige

Stellen Sie übrige Weidenäste einfach in eine Glasvase mit Wasser. Nach und nach wachsen die weißen Wurzeln unten an den Ästen! Haben sich reichlich Wurzeln gebildet, können die Zweige draußen eingepflanzt werden. Im nächsten Frühjahr treiben wieder grüne Blätter daran aus.

Weidenflechterei im Blumentopf

➜ Vorbereitung: Blumentopf mit Erde, Weidenzweige

Auch wer nur wenig Platz hat, braucht auf die wunderbare Arbeit mit lebenden Weidenzweigen und die Beobachtung ihrer enormen Lebenskraft nicht verzichten. Dazu genügt schon ein kleiner Balkon – nur ein Blumentopf muss darauf passen!

Füllen Sie die Erde in den Blumentopf, gut festdrücken. Nun werden Weidenzweige in etwa 1–2 cm Abstand vom Rand ringsherum in den Topf gesteckt. Abstehende Zweiglein festbinden oder noch weitere Weidenzweige kreuz und quer einflechten.

Wichtig: Regelmäßig gießen!

Aus einer Baumscheibe und Zweigen wird so ein Weidenkorb.

Sie die Weidenzweige im Abstand von etwa 15 cm in den Graben, füllen Sie ihn mit Erde auf und wässern Sie ab jetzt regelmäßig und reichlich. Abstehende Zweige werden mit einer Schnur in der gewünschten Position festgebunden. Die neu austreibenden Zweige regelmäßig einflechten.

Ein Weidenkorb für Kinder

➜ Vorbereitung: Baumscheibe, Akkubohrer, dickere und dünnere, möglichst lange Weidenzweige, Holzleim

Diese Art, einen Weidenkorb herzustellen, ist auch schon für kleinere Kinder geeignet, weil hier kein aufwändiger Boden geflochten werden muss. Allerdings braucht man etwas Ausdauer für diese Arbeit. Bohren Sie mit dem Akkubohrer im Abstand von etwa 4 cm eine ungerade (!) Anzahl Löcher an den Rand der Baumscheibe – der Durchmesser richtet sich nach der Dicke der Weidenzweige. In

Kuckuck, Storch und Schwalbe: Zugvögel kehren zurück

Die Kinder erwarten sie jedes Jahr ebenso sehnsüchtig wie die ersten Frühlingsblumen: Wenn endlich der Star wieder laut singend auf seinem Nistkasten vor unserem Wohnzimmerfenster landet und die ersten Schwalben über den Teich zischen, dann ist der Frühling nicht mehr weit!

Nistkasten bauen und sehen, wer sich einnistet: ein Kinderglück!

Unsere Zugvögel (die wichtigsten finden Sie auf den Seiten 20 und 21) kommen nicht einfach irgendwann zurück: Für jede Art gibt es einen bestimmten Zeitraum und wer den kennt, der wartet oft schon ungeduldig auf ihre Rückkehr.

Stare sind die Vorfrühlings-Boten: Ende Februar besetzen sie schon ihre Höhlen vom Vorjahr. Mitte März kreisen dann wieder die ersten Störche am Himmel und gleichzeitig huscht der winzige Zilpzalp durchs Gebüsch. Ab Anfang April plaudern dann die geschwätzigen Mönchsgrasmücken am Wegesrand. Wenn unsere Buchenwälder Mitte April wieder grün werden, ruft der Kuckuck seinen Namen, der bunte Gartenrotschwanz und die Mehlschwalben kehren zurück. Ein großes Ereignis in der Stadt ist die Rückkehr der Mauersegler pünktlich um den 1. Mai herum.

Ein Häuschen für Vögel

➔ Vorbereitung: 2 trockene Holzbretter (etwa 15×20 cm), gerade Äste (zum Beispiel Haselruten), wasserfester Holzleim, Nägel, Farbe nach Belieben

Mit einem Nistkasten lassen sich Vögel leicht in den eigenen Garten oder auf den Schulhof locken.

Das meiste, was wir für diesen Nistkasten aus Ästen brauchen, können die Kinder im Wald selber sammeln. Der Bau gelingt am einfachsten, wenn zunächst die vier „Eckpfosten" von unten durch das Bodenbrett festgenagelt werden. Dann jeweils die benachbarten Eckpfosten mit einem Ast zusammennageln. Diese Querverbindung sorgt dafür, dass alles gut hält, solange der Leim noch nicht fest ist. Nun werden nach und nach die auf Länge geschnittenen Äste mit Holzleim zwischen die Eckpfosten geklebt.

Auf der Vorderseite entsteht das Einschlupfloch, indem in der Mitte ein

Vögel bestimmen – kinderleicht

Schon mal die Nachtigall in der Hecke entdeckt, den Rohrsänger im Schilf und den Eisvogel am Teich? Mit einem guten Naturführer speziell für Kinder (Buchtipps Seite 139) gelingt das Aufspüren und Erkennen unserer Vögel nicht nur Kindern, sondern auch Eltern, Großeltern und anderen Erwachsenen kinderleicht.

Schon die weisen Dakota-Indianer lehrten ihre Kinder aufmerksam zu lauschen.

kürzerer, dickerer Ast aufgeklebt wird – das Gegenstück oben am Deckel festkleben. Zum Schluss das Dach an den vier Eckpfosten festnageln.

Mit der Größe des Einschlupfloches entscheiden Sie, wer in ihren Nistkasten einziehen kann: Blaumeisen beziehen gerne Häuschen, deren Öffnung nicht größer ist als 26 mm im Durchmesser, für Gartenrotschwanz (Seite 21) und Kleiber (Seite 114) sind halbovale Öffnungen zwischen 30 und 35 mm ideal und ab 40 mm Durchmesser passt der größere Star (Seite 20) hinein.

Nach Wunsch noch einen hübschen Schmuckzweig als Sitzstange für die Vögel anbringen und den Kasten mit ungiftigen, wasserfesten Farben bemalen.

Vogel-Lausch

➔ Vorbereitung: Ausflug in den Wald bei trockenem Wetter

Ob im Kindergarten oder in der Schule: Unsere Kinder sind im Alltag oft einem nicht unerheblichen Geräuschpegel ausgesetzt und verhalten sich als Antwort darauf oft selber recht laut. Bei diesem Wahrnehmungsspiel geht es darum, Stille zuzulassen und unser Gehör zu sensibilisieren: Welche Geräusche sind um mich herum, wie viele verschiedene Klänge kann ich unterscheiden? Von woher kommen sie? Kann ich sie beschreiben?

Die Kinder suchen sich einen bequemen Platz im Wald und schließen die Augen. Keiner darf in den nächsten fünf Minuten sprechen. Wer einen Vogelgesang, einen Ruf oder ein Spechttrommeln hört, darf dies mit seinen Fingern anzeigen. Am Schluss dürfen die Kinder der Reihe nach erzählen, was sie aus welcher Richtung haben. Können sie ein Geräusch, einen Vogelgesang nachmachen? Ist es möglich, das Spechttrommeln mit Stöcken nachzuklopfen? Vielleicht entdecken sie sogar einen der Sänger!

VÖGEL IM FRÜHJAHR ...

Trillert, schnarrt, quietscht

Was macht der Rasenmäher im Baum, was der Bussard im Vordergarten? Hier sitzt garantiert ein STAR: Er quatscht viel und imitiert dabei allerlei Geräusche. Wer einen Star im Nistkasten hat, kann im Mai beobachten, wie die fast flüggen Küken am Höhleneingang gefüttert werden.

Rund um den Storch

Der Klapperstorch auf dem Dach bringt zwar selten die Kinder, aber Glück soll er bringen. Wie es dem STORCH selbst in diesem Frühjahr geht, wie der Heimzug der Störche verläuft, wie viele es aktuell gibt und wo das nächste „Storchendorf" liegt, erfahren Sie unter www.weißstorch.de.

Zilp-Zalp

Weil er klein ist und unscheinbar, kennen ihn die meisten Menschen nicht. Wer aber seinen Gesang einmal bewusst gehört hat, der entdeckt ihn ab März fast überall. Denn der ZILPZALP singt ganz monoton immer wieder seinen eigenen Namen: „Zilp-zalp-zilp-zalp-zilp-zalp-zalp".

Kleine Plaudertasche

Wenn es bei Ihnen aus der Hecke schwatzt und plaudert, dann sitzt bestimmt eine MÖNCHSGRASMÜCKE darin. Die Männchen sind mit ihrer schwarzen Kopfkappe kaum zu verwechseln. Obwohl Mönchsgrasmücken häufig sind, nimmt sie nur wahr, wer ihren Gesang kennt, denn meist verstecken sie sich.

Die Töpfern!

Rund 100 Lehmkügelchen braucht die **MEHL-SCHWALBE**, um ihr Nest zu töpfern. Damit der Lehm auch gut hält, vermischt sie ihn mit Speichel und kleinen Pflanzenfasern. Mehlschwalben bauen ihre Nester übrigens immer draußen am Haus, Rauchschwalben drinnen in Ställen.

Später Heimkehrer

„Jiiieeeeh-jück-jück-jück-jück" – wer das hört, hat wirklich Glück, denn er hat den zauberhaften **GARTENROTSCHWANZ** in seinem Obstgarten brüten. Wo ausgemorschte Höhlen fehlen, lässt er sich auch mit Nistkästen anlocken; aber erst nach dem 25. April aufhängen, sonst ist die Meise schneller.

Zu faul zum Brüten

Mitte April kommt der **KUCKUCK** aus Afrika zurück. Jetzt hört man unentwegt sein lautes „Guck-kuck!". Der Kuckuck baut kein eigenes Nest – er verteilt seine Eier einfach auf die Nester anderer Vögel. Wenn der kleine Kuckuck schlüpft, schubst er die übrigen Eier aus dem Nest.

In Häuserschluchten

Das sind keine Schwalben! Auch wenn **MAUER-SEGLER** wirklich ähnlich aussehen. Ihre Flügel sind aber deutlich länger – und Mauersegler wohnen nicht auf dem Land, sondern in Großstädten, wo sie Hochhäuser als Felswand-Ersatz nutzen. Typisch sind ihre hohen, schrillen Schreie.

Das Element Luft erleben: Atmen, klingen und bewegen

Wenn Astrid Lindgrens Räubertochter Ronja nach dem langen Winter endlich wieder durch die Wälder streifen darf, lässt sie ihren typischen, lauten Frühlingsschrei los. Wie könnte man das Element Luft sinnlicher erleben, als sie es tat? Wir können Luft aber nicht nur hören, sondern auch fühlen, sehen und sogar damit malen!

Luft ist so selbstverständlich um uns herum, dass wir sie, anders als die Elemente Wasser (Seite 58 und 59), Erde (Seite 98 und 99) und Feuer (Seite 120 und 121), oft kaum wahrnehmen. Dabei können wir Luft auf viele Weisen sinnlich erleben: Wir hören sie als Windrauschen in Bäumen und wenn wir oder Vögel Lieder singen („Vogel-Lausch" Seite 18 und 19). Wir sehen, wie die Luft das Windrad dreht oder Grashalme biegt und es ist ein Genuss, an den ersten warmen Frühlingstagen die Jacke fortzuwerfen, über Wiesen zu rennen und endlich wieder die Luft auf unserer Haut zu spüren.

Die eigene Wetterstation

→ Vorbereitung: Windrad, Außenthermometer, kleines Schreibheft

Wie fühlt sich heute die Luft an? Ist sie windig und kühl oder still und warm? Mit einer Außen-Wetterstation können Kinder erforschen, wie sich die Luft im Verlauf der Jahreszeiten verändert. Stellen Sie ein Windrad im Freien auf und befestigen Sie ein Außenthermometer daran. Die „Nachwuchs-Metereologen" können ihre Beobachtungen in einem kleinen Schreibheft notieren. Eine schöne Ergänzung zur Wetterstation ist ein selbst gebauter Regenmesser („Element Wasser" Seite 58 und 59).

Puste-Labyrinth

→ Vorbereitung: eine Fläche aus Erde oder Sand, Äste und eine kleine Vogelfeder (oder Wattebausch)

Bei diesem Geschicklichkeitsspiel geht es um die Wahrnehmung und die Kontrolle des eigenen Atems: Bauen Sie gemeinsam mit den Kindern ein kleines Labyrinth aus trockenen Ästen auf einem Fleckchen Erde (im Wald) oder Sand (am Strand, in der Sandkiste). Das Labyrinth sollte aber nicht zu kompliziert angelegt sein. Die Kinder ha-

Wasserdrachen oder Elfenwesen? Pustebilder regen die kindliche Phantasie an.

Beim Puste-Labyrinth sind Kontrolle über den eigenen Atem und Geschicklichkeit gefragt.

ben die Aufgabe, die Vogelfeder (oder den Wattebausch) nur durch Pusten geschickt durch das Labyrinth zu manövrieren – vom Eingang bis zum Ausgang.

Bewegtes Windspiel

➜ Vorbereitung: Äste, Schnur, Federn und Blätter, eventuell kleine Glöckchen

An einen schönen Zweig werden an unterschiedlich lange Schnüren Federn, Blätter oder auch raschelnde Früchte geknotet. Wer möchte, dass das Windspiel auch klingt, hängt kleine Glöckchen dazwischen.

Atembilder

➜ Vorbereitung: Aquarell- oder Zeichenpapier, verdünnte Aquarellfarbe oder Tusche, Eimer mit Wasser, Strohhalme, Pinsel

Reicht unsere Puste aus, um damit ein Bild zu malen? Diese kreative Malarbeit macht auch bewegungsfreudigeren Kindern viel Spaß, die beim gewöhnlichen Malen oft recht schnell fertig sind. Tauchen Sie das Papier in den Wassereimer. Geben Sie mit dem Pinsel kleine Kleckse Farbe auf das nasse

Papier. Die Farbe wird mit dem Strohhalm verpustet. Es entstehen Kunstwerke aus Linien und Kreisen, schließlich bunten Spuren und Flecken, weil die Farben nach und nach ineinander laufen.

WUSSTEN SIE SCHON??

Spüre Deinen Atem

Atmen erscheint so selbstverständlich – dabei atmen die meisten Kinder zu flach und zu schnell. Tiefes, bewusstes Ein- und Ausatmen sammelt und konzentriert uns – so ist es eine gute Vorbereitung vor schwierigen Aufgaben wie Wettkämpfen oder Klassenarbeiten und es hilft abends beim Einschlafen. Die Atemübung können Sie im Stehen oder im Liegen durchführen: Das Kind legt seine linke Hand auf den Brustkorb, die rechte auf den Bauch und spürt bei den nächsten drei Atemzügen seinem Atem nach: Die Luft pustet Brustkorb und Bauch auf wie bei einem Luftballon. Beim Auspusten werden Brustkorb und Bauch wieder flach.

Abenteuer Frühlings-Bach

Wenn im zeitigen Frühjahr die Natur in Wald und Wiese noch im Halbschlaf liegt, ist am Bach schon jede Menge los – denn die Tiere darin sind an das ganzjährig kühle Wasser hervorragend angepasst. Jetzt sind auch Wiesenbäche noch gut für Kinder erreichbar, denn die Ufervegetation ist noch niedrig.

Wie finden wir die Tiere?

➜ Vorbereitung: Gummistiefel, Ersatzhose und -strümpfe, Küchensiebe, Plastikgefäße, Kescher und Becherlupenglas

Im Bach tummelt sich das Leben (Seite 26 und 27) – man muss nur wissen, wo man suchen muss! Um nicht mit der Strömung fortgerissen oder gefressen zu werden, verstecken sich die meisten Wassertiere an einem sicheren Ort oder sie tragen Tarnanzüge wie die Köcherfliegen-Larve.

- Beliebte Verstecke sind Steine und Äste im Uferbereich: Vorsichtig anheben und gleich das Sieb in Strömungsrichtung davor halten. Dann den Stein oder Ast in ein mit Wasser gefülltes Gefäß legen und vorsichtig absammeln – viele Tierchen halten sich nämlich gut daran fest, um nicht fortgerissen zu werden.
- Andere vergraben sich im kiesigen Untergrund. Um sie zu finden, wühlt man sachte etwas Untergrund hoch – Sieb in Strömungsrichtung davor halten!
- Auch Falllaub im Uferbereich ist dicht besiedelt. Einfach eine Hand voll nehmen, in eine wassergefüllte Schale legen, die Tiere vorsichtig vom Laub abstreifen und das Laub heraussammeln.
- Im Gewirr feinster Wasserpflanzen verstecken sich oft Libellenkinder (Seite 76 und 77). Die Pflanzen unter Wasser etwas aufschütteln und mit dem Kescher durchstreifen.

Wie schnell ist das Wasser?

➜ Vorbereitung: ein Bach, Rinde oder Äste, Blätter, Schnur, Knete und eine Uhr mit Sekundenzeiger

Markieren Sie Start- und Ziel einer festgelegten Bachstrecke (etwa 50 große Schritte). Die Kinder bauen ein einfaches Rindenschiffchen, zum Beispiel indem sie ein Loch in ein Stück Rinde pieksen, ein Stöckchen

Für begeisterte Forscher sind herkömmliche Gummistiefel immer zu kurz!

Beim Bau der Rindenschiffchen sind der Phantasie keine Grenzen gesetzt.

hindurch stecken und ein Blatt als Segel daran befestigen. Die Knete hilft, den „Segelmast" zu fixieren. Eine andere Möglichkeit besteht darin, einige Äste mit Schnur zu einem Mini-Floß zusammenzubinden.

Auf ein Startzeichen hin lassen sie ihre Schiffchen gleichzeitig schwimmen. Welches Schiff ist schneller? Wie lange brauchen die Schiffchen? Spannend ist es, verschiedene Bachabschnitte miteinander zu vergleichen: Wo war das Wasser schneller? Wie war der Untergrund hier beschaffen? Welche Tiere haben wir entdeckt?

Barfuß am Frühlingsbach

Frühlingswasser ist für Kinder einfach unwiderstehlich! Wie Astrid Lindgrens Kinder von Bullerbü die Füße ins kalte Nass stippen, barfuß über Kiesel und umgestürzte Baumstämme balancieren und anschließend von den ersten Sonnenstrahlen trocknen lassen – das weckt die Lebensgeister und Vorfreude auf die warme Jahreszeit!

WUSSTEN SIE SCHON??

Welcher Bachtyp passt?

Von der Quelle bis zu seiner Mündung ins Meer verändert der Bach fortlaufend sein Gesicht: In der **Forellenregion** fließt der Bach reißend, ist klar, kalt und sauerstoffreich; der Untergrund ist hier steinig oder kiesig. Neben Forellen leben hier auch Bachschmerle und Elritze. Etwas langsamer fließt das Wasser in der **Äschenregion**, hier bilden sich schon Kiesbänke und ruhigere Bereiche mit Wasserpflanzen, Gründling und Döbel sind typische Fischarten. Weiter flussabwärts folgt die **Barbenregion**, der Untergrund ist kiesig und teilweise auch schlammig, hier sind neben Barben auch Flussbarsche zu Hause. In der **Brachsenregion** ist der Boden feinsandig und schlammig, das Wasser durch Schwebstoffe getrübt und im Sommer bis zu 25 °C warm. Hier tummeln sich Rotfedern, Rotaugen, Hechte, Karpfen und Aale.

TIERE AM BACH...

Die auf dem Wasser laufen
WASSERLÄUFER sind so leicht, dass sie wirklich auf dem Wasser laufen und springen können – ein dichter, lufthaltiger Haarfilz an der Unterseite hält das Wasser ab. Fällt ein kleines Insekt auf das Wasser, sprinten gleich Wasserläufer herbei – an der Beute gibt es oft Raufereien.

Kein Schmetterling
PRACHTLIBELLEN fliegen nur an Fließgewässern. Typisch sind ihre blau oder grün schillernden Flügel, sie werden deshalb oft mit Schmetterlingen verwechselt. Ihre Larven (Seite 76) leben wie alle Libellenkinder unter Wasser! Nach zwei Jahren schlüpft erst die fertige Libelle.

Immer auf der Seite
Sie findet man am ehesten unter hohl aufliegenden Steinen am Bachgrund oder im Gewirr von Wasserpflanzen. Hebt man den Stein an, so flitzen sie schnell fort – immer auf der Seite liegend! Daran kann man **BACHFLOHKREBSE** leicht erkennen. Sie zählen zur Lieblingsnahrung der Forelle.

Perfekt getarnt
Dass man **KÖCHERFLIEGENLARVEN** gekeschert hat, merkt man meist erst dann, wenn die „Ästchen" im Behälter plötzlich zu krabbeln beginnen! Die Larven kleben Rinde, Laub, Sand und winzige Holzstückchen mit ihrem Speichel zusammen und bauen sich daraus Köcher zum Verstecken.

... ERKENNEN

Ritter im Bach

FLUSSKREBSE tragen einen dicken, festen Panzer; den kann kaum einer knacken. Tagsüber verstecken sie sich unter überhängenden Uferböschungen oder unter Steinen, erst in der Dämmerung schreiten sie über den Bachgrund. Sie futtern Würmer, Wasserinsekten, Muscheln und auch Pflanzen.

Ein richtiger Hausmann

Der **STICHLING** hält sich in Bodennähe auf. Auf dem Rücken trägt er Stacheln, die er zum Schutz vor Fressfeinden aufstellen kann. Das Männchen ist berühmt, weil es ein Nest baut und seine Jungen bewacht. Stichlinge lassen sich auch gut im Kaltwasseraquarium halten (Seite 130).

Drei Schwanzfäden

Die **LARVEN DER EINTAGSFLIEGE** sind flach, werden bis 2 cm lang und haben drei lange, dünne Schwanzanhänge. Sie leben mehrere Jahre am Bachgrund. Im Mai schlüpfen daraus die schmetterlingsähnlichen Eintagsfliegen – ihr Leben ist wirklich kurz, meist dauert es nur wenige Stunden oder Tage.

Hier ist das Wasser sauber

STEINFLIEGEN-LARVEN leben nur in klaren, sauerstoffreichen Gebirgsbächen und sind zuverlässige Zeiger für beste Wasserqualität. Sie sind 1–3 cm lang und man erkennt sie an ihren zwei langen, ganz dünnen Schwanzfäden (die Eintagsfliege hat drei Schwanzfäden).

Die Stimmen des Frühlings: Amphibien auf Achse

Zu keinem anderen Zeitpunkt haben wir in der Natur die Chance, so viele verschiedene Klänge wahrzunehmen wie von März bis Mai: Während Vogelgesänge meist von oben kommen, trillern, läuten und knarren Frosch & Co jetzt in stimmgewaltigen Chören von unten aus Wald- und Wiesentümpeln.

Ende März ist alles noch ganz kahl am Waldtümpel. Die Bäume tragen noch keine Blätter und die Ufer sind noch struppig braun. Sind wir etwa zu früh gekommen? Doch da hören wir verdächtige Geräusche…

Im Frühling am Wasser

Bei genauerem Hinsehen sind treibende Bällchen an der Wasseroberfläche zu erkennen. Fischt man sie behutsam heraus, sieht man kleine schwarze Pünktchen umgeben von einer gallertartigen Masse. Das sind die Eier vom Grasfrosch (Seite 30) – keiner laicht so früh wie er!

Mit etwas Glück können die Kinder auch schon Erdkröten bei der Paarung beobachten: Braun mit kleinen Höckern und hübschen, goldenen Augen: Zwei Erdkröten (Seite 30) halten sich fest umklammert – das kleinere Männchen hockt oben und denkt gar nicht daran, sein Weibchen loszulassen, auch nicht, als die Kinder es vorsichtig streicheln. Schnell zurück ins Wasser, schließlich ist heute Hochzeitstag!

Mit Papa Frösche am Weiher finden – ein unvergessliches Erlebnis!

WUSSTEN SIE SCHON??

Frosch oder Kröte?

Das auffälligste Unterscheidungsmerkmal ist ihr Gang: Während Frösche weit springen und hüpfen, watscheln Kröten eher bedächtig dahin, denn ihre Hinterbeine sind nur kurz. Lassen Sie Ihr Kind mal einen Frosch streicheln: Seine Haut fühlt sich glatt und feucht an. Krötenhaut ist dagegen ist trocken und höckerig.

Kleine Schwimmflöße

Frösche leben keinesfalls immer im Wasser! Fast alle ausgewachsenen Frösche, Kröten und Molche leben sogar meist an Land. Nur im Frühjahr suchen sie Tümpel auf, in denen sie sich paaren und ihre Eier ablegen können. Die Eier sind gut eingebettet in eine durchsichtige Gallerthülle. Manchmal sind es Klumpen, die auf dem Wasser schwimmen, manchmal auch meterlange Schnüre. Molche (Seite 31) wickeln jedes ihrer Eier einzeln in ein Blatt ein. Nach dem Ablegen ihrer Eier kümmern sich Amphibien nicht mehr darum. Sie verlassen den Teich und ihr Nachwuchs muss allein klarkommen bis er voll entwickelt ist.

Was sind Kaulquappen?

Nun beginnen die schwarzen Pünktchen in die Länge zu wachsen – bis sie aussehen wie kleine Fischchen. Dann zappeln sie sich aus ihrem „Wackelpudding" heraus und schwimmen frei durchs Wasser: Jetzt heißen sie Kaulquappen. Unermüdlich raspeln sie unter Wasser Algen ab und wachsen dabei zusehends von Tag zu Tag. Nach vier Wochen bekommen sie allmählich Beinchen und gleichzeitig schrumpft der Schwanz. Etwa zwei Monate nach der Eiablage verlassen die winzigen Frösche das Wasser („Froschregen" Seite 72) – sie sind dann nicht größer als ein kleiner Fingernagel.

Das kleinere Erdkröten-Männchen sitzt huckepack auf seinem Weibchen.

Aus jedem winzigen Ei schlüpft eine kleine Kaulquappe.

 Kröten retten

→ Vorbereitung: Taschenlampe, regendichte Kleidung

Passen Sie möglichst die erste warme, regenreiche Nacht im März ab und gehen Sie mit Ihrem gut eingepackten Kind und einer Taschenlampe auf Expedition. Denn solche Nächte sind nach dem Winter der Startschuss für etliche Frösche und Kröten, ihre Wanderzüge zum nächsten Gewässer anzutreten. Doch diese Wanderungen sind oft lebensgefährlich! Es ist ein unvergessliches Erlebnis für Kinder, eine Kröte von der Straße retten zu dürfen.

Schauen Sie genau, in welche Richtung die Kröte wandern will und setzen Sie sie auf der richtigen Seite in einiger Entfernung von der Straße wieder ab. Keine Angst, Kröten sind nicht giftig, Ihr Kind darf sie ruhig vorsichtig halten, hinterher müssen die Hände natürlich – wie nach jedem Kontakt mit Tieren – gewaschen werden. Eine weitere Falle für viele Frösche und Kröten sind Keller- und Lichtschächte am Haus: Alleine kommen sie hier nicht wieder heraus. Auch hier sind rettende, kleine Hände nötig!

FROSCH, KRÖTE UND MOLCH...

Früher Braunfrosch
GRASFRÖSCHE sorgen früh im Jahr, manchmal schon im Februar, gemeinsam mit Erdkröten für ein überwältigendes Spektakel in Teichen und Tümpeln: Hunderte von Grasfröschen paaren sich dann gleichzeitig und ihre gallertigen Laichballen treiben auffällig an der Wasseroberfläche.

Spektakuläre Wanderungen
Ab Ende Februar erwachen bei milder Witterung alle ERDKRÖTEN gleichzeitig aus ihrer Winterstarre und wandern zielsicher zu ihrem Geburtstümpel, um sich zu paaren. Ihre Eier (Foto S. 29) liegen wie schwarze Pünktchen in langen Gallertschnüren kreuz und quer zwischen Wasserpflanzen.

Trillern vor Mitternacht
WECHSELKRÖTEN mögen es trocken, warm und sonnig – zumindest nach der Eiablage im April und Mai. So findet man sie am ehesten in Kiesgruben und in Steinbrüchen. Ein Genuss ist der Trillerchor der Männchen: Er setzt mit der Dämmerung ein und dauert bis nach Mitternacht.

Friedliche Feuerbäuche
UNKEN erkennt man sofort an ihren knallig orangeroten Bäuchen. Leider sind sie sehr selten geworden. Geradezu unheimlich ist es, im Mai an einem Unken-Tümpel zu stehen – von überall her hört man merkwürdig dumpfe Rufe – aber es ist schwierig, auch nur eine einzige Unke zu entdecken!

Hübscher Hochzeitsfrack

Im April verlässt der TEICHMOLCH seine Verstecke unter Holz oder in Steinritzen und marschiert in den nächsten Graben oder Tümpel. Hier wird Hochzeit gefeiert und dazu machen sich die Männchen hübsch: Je nach Art tragen Molche jetzt blaue Kleider mit Punkten oder gezackte Drachenkämme auf dem Rücken.

Kleiner Kletterfrosch

Nur im März und April kommen LAUBFRÖSCHE ans Wasser, um ihre Eier abzulegen. Den Rest der warmen Jahreszeit sitzen sie am liebsten auf Brombeeren und anderen Sträuchern – hier fangen sie Schnaken und andere Insekten. Mit Saugnäpfen an den Füßen können sie bestens Klettern!

Unterwegs im „Regenwald"

Die volkstümliche Bezeichnung „Regenmolch" beschreibt ihn weitaus besser als der Name „FEUERSALAMANDER", denn man begegnet ihm am ehesten bei feuchtem Wetter im Laubwald (Seite 58). Bei Trockenheit versteckt er sich unter Totholz und Laub und kommt dann erst in der Dämmerung hervor.

Grüner Quaker

Er ist der Verursacher so mancher Auseinandersetzungen zwischen Nachbarn mit und solchen ohne Gartenteich: Der TEICHFROSCH quakt aber auch wirklich unglaublich laut. Anders als der Grasfrosch hält er sich überwiegend im Wasser auf; er laicht erst relativ spät, meist im Mai.

Projekt: Ein Garten für Schmetterlinge

1 Einen Schmetterling anlegen

➜ Vorbereitung: Kieselsteine für den „Schmetterlingskörper", Spaten, Schubkarre, Erde, Steine für die Umrandung

Schmetterlinge fliegen da, wo sie reichlich Nahrung finden. In einem Beet mit vielen Blumen bieten wir ihnen Nektar an. Weil die hübschen Falter ihre Eier aber nur an ganz bestimmte Kräuter ablegen und die Raupen sehr wählerisch sind (Seite 46), darf in einem richtigen Schmetterlingsgarten ein „Raupen-Kindergarten" nicht fehlen!

So ein Schmetterlingsprojekt lässt sich auch wunderbar in Kindergärten und Schulgärten verwirklichen, da immer mehrere Kinder gleichzeitig an einem der vier „Flügel" arbeiten können. Der beste Zeitpunkt zum Anlegen ist das zeitige Frühjahr. Da Schmetterlinge Sonne lieben, ist ein windgeschützter und sonniger Standort ideal. Der Schmetterling auf dem Foto ist ca. 3×3 m groß, natürlich darf das Beet auch kleiner ausfallen.

Zuerst wird die Erde umgegraben (eventuell die vorhandene Grasnarbe vorher abtragen) und dann aus den Steinen der Schmetterling gelegt. Der „Körper" des Schmetterlings ist begehbar; als Wegbelag dienen von den Kindern selbst gesammelte und gelegte Kieselsteine.

2 Darauf fliegen Schmetterlinge

Als Schmetterlingsblumen kommen viele Wildpflanzen in Frage, aber auch manche Zierpflanzen – nur dürfen sie keine gefüllten Blüten haben. Gute Schmetterlingsblumen sind Dost, Färberkamille, Echter Fenchel, Kartäusernelke, Königskerze, Kugeldistel, Nachtkerze, Natternkopf, Phlox, Rittersporn, Rote Spornblume, Rote und Weiße Lichtnelke, und viele Küchenkräuter wie Majoran, Melisse, Thymian, Salbei, Schnittlauch und Borretsch. Natürlich darf auch ein Schmetterlingsflieder nicht fehlen. Wunderbare Nachtfalter wie das kolibriähnliche Taubenschwänzchen oder der Weinschwärmer werden von den Blüten des

hoch rankenden Geißblatts („Jelängerje-lieber") angelockt.

 ### So pflanzt Du richtig

→ Vorbereitung: Schmetterlings-pflanzen (s.o.), kleine Schaufel, Gießkanne

Das Bepflanzen ist natürlich reine Kinder-sache. Zuerst wird ein kleines Loch ausge-hoben, dann das Pflänzchen hineingesetzt und reichlich angegossen. Nun das Pflanz-loch wieder mit Erde befüllen, nochmals gießen und die Erde fest andrücken. Das ist wichtig, damit die Wurzeln in die neue Erde hineinwachsen können. Es ist immer wieder bemerkenswert, mit wieviel Hinga-be und Sorgfalt Kinder ihre selbst gesetz-ten Blumen beobachten und pflegen. In Kindergärten und Schulgärten bietet sich an, jeweils eine Gruppe von Kindern einen Schmetterlingsflügel betreuen zu lassen. Dazu gehört auch das regelmäßige Heraus-rupfen von Wildwuchs und das Wässern an heißen Sommertagen.

 ### „Wilde Ecke" für die Kleinen

→ Vorbereitung: Raupenkräuter, Spaten, Weidenzweige, Gießkanne,

Schmetterlingskinder haben ganz andere Bedürfnisse, als ihre Eltern. Bunte Blumen nützen ihnen nichts, denn sie trinken keinen Nektar (Seite 46)! Schmetterlings-Eltern wissen ganz genau, was ihre Raupen brauchen und legen ihre Eier immer genau auf die richtige Pflanze. Die begehrteste Raupenpflanze ist ausgerechnet die Brennnessel! Weil wir die natürlich nicht in unserem Beet wuchern lassen wollen, ist es günstig, eine „wilde Raupenecke" im Garten abzutrennen. Hübsch und nützlich ist zu diesem Zweck ein lebender Zaun aus Weidenzweigen (Seite 16): Weiden zählen zum Lieblingsfutter vieler Raupen! In die Raupenecke gehören auch Himbeeren, Johannisbeeren, Stachelbeeren und Wild-kräuter wie Knoblauchsrauke, Labkraut, Blutweiderich und Löwenzahn.

Schnuppern, Fühlen, Schmecken

Im Schmetterlingsgarten lernen Kinder nicht nur ökologische Zusammenhänge – gleichzeitig bietet er eine unendliche Fülle sinnlicher Eindrücke: Das Arbeiten mit Erde und Steinen, den prächtigen Anblick bunter Blumen und Schmetterlinge und das lustige Gefühl, wenn Raupen kitzlig von Kinderhand zu Kinderhand krabbeln. Die aromatischen Kräuter lassen sich außerdem leicht zu schmackhaften Tees, Kräuterquarks oder Suppen verarbeiten.

Hummeln: Früh fliegen die Königinnen

Kaum locken Anfang des Jahres die Sonnenstrahlen ersten Blümchen hervor, da fliegen sie auch schon wieder: Dicke, pelzige Hummeln brummen von Blüte zu Blüte – und jede davon ist eine echte Königin! Denn bei den Hummeln überwintern nur sie in frostsicheren Verstecken, um nun einen neuen Hummelstaat zu gründen.

Da staunt Frederike aber, als plötzlich die große Hummel vor ihr mitten in einem Mauseloch verschwindet. Kurze Zeit später taucht das pelzige Tierchen wieder auf – und schlüpft in einen anderen Erdspalt. Was macht die Hummel denn da?

Auf www.aktion-hummelschutz.de, „Kinder", gibt es einen tollen Bestimmungsschlüssel für Hummeln!

Das Hummeljahr
Die ersten Hummeln im Jahr sind die sogenannten „Königinnen" – das sind die befruchteten Weibchen vom letzten Sommer. Den Winter haben sie, mit den Eiern im Bauch, in einem frostfreien Versteck wie in einem Holzstapel zugebracht. Oft schon ab Februar sucht sich die Königin einen Platz für ihr Nest.

Hier hinein legt sie die Eier, aus denen im April und Mai der erste Nachwuchs schlüpft: allesamt Weibchen, die soge-

nannten Arbeiterinnen. Die Königin hat ab jetzt nur noch eine Aufgabe – Eier legen! Währenddessen versorgen die Arbeiterinnen den Nachwuchs mit Futter. So wächst der Hummelstaat im Laufe des Sommers an. Erst gegen Ende des Sommers legt die Königin besondere Eier, aus denen auch männliche Hummeln und andere Weibchen schlüpfen. Diese Männchen paaren sich mit den Weibchen und sind damit die Königinnen des nächsten Frühlings. Die jungen Königinnen suchen sich im Herbst ein frostsicheres Versteck zum Überwintern, alle anderen Hummeln sterben mit Wintereinbruch. An den ersten

WUSSTEN SIE SCHON??

Nützlich – und friedlich!

Die Hummel sucht sich ein Versteck für ihr Nest! Das kann ein verlassenes Mauseloch sein oder eine Spalte zwischen Steinen. Wer Hummeln im Garten hat, kann sich freuen: Denn Hummeln sind überaus nützliche Bestäuber, die mit ihrem dicken Pelz auch bei schlechter Witterung unterwegs sind, wenn es Biene & Co viel zu kalt ist. So retten Hummeln so manche Obsternte. Dass Hummeln nicht stechen, ist allerdings ein hartnäckiges Gerücht. Sie können sehr wohl – tun es aber nur selten!

warmen Frühlingstagen verlassen die Jungköniginnen ihr Versteck und suchen ein ungestörtes Plätzchen für ihre Eier.

Ein Häuschen für Hummeln

→ Vorbereitung: Tonblumentopf (Durchmesser etwa 15 cm), Holzfeile, Moos (besser noch: Kleintierstreu aus dem Zoohandel, das bereits nach Mäusen duftet), Eimer voll Kieselsteine, Dachziegel oder dünne Steinplatte, Spaten

Erdhummeln brauchen unterirdische Höhlen, in denen sie nisten können. Aus einem Tonblumentopf lässt sich ganz einfach eine Nisthilfe anfertigen: Mit einer Holzfeile vergrößern Sie das Abflussloch am Boden des Topfes bis auf einen Durchmesser von etwa

Weißer Hintern und zwei gelbe Streifen: Das ist eine Erdhummel.

2 cm. Graben Sie ein etwa 30 cm tiefes Loch und füllen Sie den Boden mit Kieselsteinen auf. Der Topf wird nun etwa zur Hälfte mit Moos oder Kleintierstreu befüllt und umgekehrt auf die Kiesel gestellt. Mit den restlichen Kieselsteinen füllen Sie das Loch rund um den Tontopf auf und decken alles gegen Regen mit dem Dachziegel zu – aber bitte so, dass die Hummeln das Einflugloch am Tontopf noch erreichen können. Im Winter wird das Füllmaterial gegen Frisches ausgetauscht.

Achtung: Die Hummel-Nisthilfe bitte nicht in einer Senke vergraben – hier sammelt sich nach Regengüssen das Wasser und die Hummelbrut würde ertrinken. Der beste Platz für unterirdische Hummel-Häuschen ist auf einem Erdwall.

Hummelblumen

Da Hummeln als erste Insekten im Jahr fliegen, sind für sie früh blühende Pflanzen besonders wichtig. Typische Futterquellen haben tiefe Blütenkelche und viel Nektar oder Pollen anzubieten. Besonders gute Hummelblumen im Garten sind im Frühjahr Akelei, Günsel, Lungenkraut, Vergissmeinnicht und Taubnessel. Im Sommer eignen sich Rittersporn, Borretsch, Natternkopf, Eisenhut, Fingerhut und Löwenmäulchen.

Wichtig: Achten Sie auf ungefüllte Sorten, gefüllte Blumen sehen zwar prächtig aus, bieten Insekten aber keine Nahrung.

Fix gebaut: Hummel-Nisthilfe aus einem einfachen Blumentopf.

Natur-Werkstatt: Wildbienen-Häuschen bauen

Besser können Sie Kinder nicht an das Schützen und unmittelbare Erleben der Natur heranführen: Das Bauen von Wildbienen-Nisthilfen macht den Kindern nicht nur ungeheuren Spaß, der Erfolg ist auch vorprogrammiert. Denn diese „Bienenhäuschen" werden in der Regel schnell gefunden und gern angenommen.

Als morsche Bäume, bröckelndes Mauerwerk und Fachwerkhäuser aus Lehm noch häufig waren, erging es unseren Wildbienen gut. Sie legen ihre Eier nämlich in winzige Ritzen in Holz oder Lehm. Dazu packen sie einen kleinen Nahrungsvorrat aus Pollen oder Räupchen und stopfen die Ritze vorne zu. Drinnen wachsen die kleinen Larven heran und schlüpfen im nächsten Frühjahr als fertige Wildbienen heraus. Im Garten leisten die fleißigen Tiere wichtige Bestäubungsarbeit und die harmlosen Wildwespen retten die Pflanzen vor allzu vielen gefräßigen Raupen.

Schmückt jeden Naturgarten: Wildbienen-Quartiere mit blühenden Fingerhüten.

Zimmern, Matschen, Bohren

Rund 1000 Arten von Wildbienen und -wespen kommen bei uns vor – so viele verschiedene Arten es gibt, so unterschiedlich sind auch ihre Vorstellungen vom passenden Eigenheim. Manche bevorzugen Ritzen in trockenem Holz, andere brauchen hohle Stängel und viele lieben Lehmwände. Dabei mögen einige es genau wie wir Menschen lieber bezugsfertig – ihnen bohren wir Löcher vor; andere bauen lieber selber. Wichtig ist, die Wildbienen-Häuschen möglichst sonnig und regengeschützt anzubringen.

… Baumscheiben …

→ Vorbereitung: Baumscheiben, Akkubohrer, Krampen zum Aufhängen, fester Draht, Hammer

Für Holz bewohnende Arten eignen sich 10–20 cm dicke, möglichst trockene und abgelagerte Baumscheiben aus Harthölzern wie Eiche oder Buche. Hier hinein werden Löcher unterschiedlicher Durchmesser (2–11 mm) gebohrt. Schlagen Sie mit dem

Das Werkeln von Wildbienen-Häuschen ist für Kinder aller Altersklassen geeignet.

Hammer eine Krampe in die Seiten der Baumscheibe – daran wird der Aufhängedraht befestigt.

Weichhölzer wie Weide oder Fichte sind hierfür nicht geeignet; sie quellen bei Feuchtigkeit auf und können dann die Larven zerquetschen. Auf die gleiche Weise kann auch ein alter Ziegelstein zur Wildbienen-Behausung umfunktioniert werden.

… hohle Stängel …

➜ Vorbereitung: Schilf und andere hohle Pflanzenstängel; Tonröhren oder Dosen; Schnur, Draht oder Baumrinde zum Umwickeln und Aufhängen

Für Kinder leicht herzustellen sind Bienenhäuser aus hohlen Pflanzenstängeln wie

Schilf oder Holunder. Einfach die Halme auf Länge (etwa 15–20 cm lang) schneiden und in eine Tonröhre oder leere Dose stecken oder bündeln und mit Schnur oder Baumrinde umwickeln. Ein guter Platz ist an einer sonnigen Hauswand unter einem Dachvorstand.

… und natürlich Lehm

➜ Vorbereitung: Holzreste für einen Kasten von ca. 20×20 cm (1–1,5 cm stark), Nägel (mindestens 3 cm lang), Hammer, Lehm, Stöckchen, 2 Krampen und fester Draht zum Aufhängen

Das Matschen mit aufgeweichtem Lehm ist ein sehr sinnliches Vergnügen, das besonders kleineren Kindern genießen. Der Lehm wird in gezimmerte Kisten aus Holzresten gedrückt und festgestampft. Zunächst muss der Lehm dazu mit Wasser (etwa 10 Teile Lehm zu 1 Teil Wasser) vermischt werden. Mit verschieden dicken Stöcken können die Kinder Löcher hineinpieksen. Der Lehm sollte vor der Anbringung 2–3 Wochen lang an einem regengeschützten Dach gut durchtrocknen.

Tipp: Statt in Holzkisten können Sie den Lehm auch in einfache Blumentöpfe stampfen und diese dann mit der Öffnung nach vorn an der Wand aufhängen.

WUSSTEN SIE SCHON??

Keine Angst vor Wildbienen

Wir haben sie guten Gewissens sogar in den Schulgarten unserer Kinder gelockt, denn Wildbienen und -wespen sind niemals lästig und auch nicht aggressiv. Die Kinder dürfen sogar ganz nah vor den Häuschen stehen und ihnen beim Buddeln, Raspeln und Eintragen von Futter zusehen, das alles stört die friedlichen Tiere überhaupt nicht. Außerdem praktisch: Sie mögen keine Marmelade oder Kuchen, so verläuft das Picknick im Garten auch weiterhin störungsfrei.

Dass Wildbienen aber sehr wohl stechen können, erlebte Knut, als er eine aus dem Flur wieder hinaus in den Garten setzen wollte. Also Wildbienen bitte, trotz aller Friedfertigkeit, nicht versuchen zu fangen!

9 Zauberpflanzen:
Der gesunde Start ins Frühjahr

Neun „Zauberpflanzen" sammelten schon die alten Kelten, um im Frühjahr daraus eine kräftigende Suppe zu bereiten. Sie versorgt uns mit einem Schub Vitamine, entschlackt den Körper und vertreibt die Frühjahrsmüdigkeit. Traditionell wird diese Suppe am Gründonnerstag zubereitet, also am Donnerstag vor Ostern.

Kräuterhexen unterwegs

➜ Vorbereitung: Leinenbeutel oder Körbe, Gummihandschuhe, Bestimmungsbuch für Blumen, eventuell Schere

Das Kräutersammeln ist am schönsten gemeinsam mit Familie oder Freunden. Die besten Kräuter finden Sie fern von Wegen auf Streifzügen durch Wiesen und Felder – das macht den Kindern garantiert viel Spaß! Meiden Sie beim Sammeln vielbefahrene Straßen, „Hunde-Gassi-Strecken" und gespritzte Äcker. Zeigen Sie Ihren Kindern in einem Buch, nach welchen Blättern und Blüten Sie Ausschau halten – das erleichtert das Sammeln ungemein!

Für unser Rezept genügt jeweils eine Handvoll Kräuter. Für das Sammeln von Brennnesseln sollten Sie Gummihandschuhe mitnehmen – gekocht in der Suppe brennen sie dann garantiert nicht mehr!

Rezept

➜ Zutaten: je Handvoll der neun Kräuter, 2 Esslöffel Butter, 1 Esslöffel Mehl, 2 l Gemüsebrühe, 125 ml Sahne, Salz, Pfeffer

Alle Kräuter gründlich waschen. Blüten klein zupfen, Blätter (und eventuell Stängel und Zwiebeln) klein schneiden. Die Butter im Topf schmelzen, Mehl dazu und gut verrühren. Nun mit der Gemüsebrühe ablöschen. Gehackte Kräuter hinzufügen und 15 Minuten bei kleiner Flamme ziehen lassen. Sahne unterrühren und vor dem Servieren die Gänseblümchen-Blüten darüber streuen. Nach Belieben mit Pfeffer und Salz abschmecken. Guten Appetit!

Die magische 9 (➜ Tabelle)

Genau neun verschiedene Kräuter sollen es sein, weil die 9 als magische Zahl gilt. So steckt in ihrem Namen das „Neu" – der Neuanfang. Und jede Zahl, die man mit 9 multipliziert, ergibt in der Quersumme stets wieder 9, zum Beispiel $9 \times 8 = 72$; $7 + 2 = 9$. Magisch, oder?

Da in jedem Landstrich unterschiedliche Kräuter häufig sind, variieren auch die überlieferten Rezepte. Wir stellen Ihnen hier ein mittelalterliches Rezept mit Kräutern vor, die Sie überall finden können. Tipp: All diese Wildkräuter lassen sich auch mühelos im eigenen Garten oder im Hinterhof kultivieren. Um auf die „magische 9" zu kommen, dürfen Sie natürlich auch auf Küchenkräuter zurückgreifen.

WUSSTEN SIE SCHON??

Wildkräuter – kinderleicht erkannt

Bitte weisen Sie Ihre Kinder ausdrücklich darauf hin, dass man nur essen darf, was man auch wirklich erkennt! Denn unter den Wildpflanzen gibt es natürlich auch viele, die man nicht essen sollte!

Am besten nehmen Sie ein gut bebildertes Blumen-Bestimmungsbuch (Buchtipps Seite 139) mit zum Kräutersammeln und vergleichen ihre gefundenen Kräuter vor Ort mit den Abbildungen.

Diese 9 Kräuter gehören in die Suppe

Deutscher Name	Wiss. Name	hier wächst es	das ernte ich	Inhaltstoffe/ Wirkung
1 Giersch ("Dreiblatt")	*Aegopodium podagraria*	überall im Halbschatten	Blätter	entwässernd, beruhigend
2 Löwenzahn	*Taraxacum officinale*	auf Rasen, Wiesen und an Wegrändern	Blätter und Blüten	aktiviert den Stoffwechsel
3 Taubnessel	*Lamium album, L. purpureum*	an Wegrändern	Blätter und Blüten	blutreinigend, antibakteriell
4 Brennnessel	*Urtica dioica*	an Wegrändern und auf Wiesen	Blätter	viel Vitamin C; gut gegen Rheuma
5 Gundermann	*Glechoma hederacea*	an Wegrändern und auf Wiesen	Blätter und Blüten	harntreibend
6 Schafgarbe	*Achillea millefolium*	auf sonnigen Wiesen und an Wegrändern	Blätter	krampflösend, beruhigend
7 Sauerampfer	*Rumex acetosa*	auf fetten Wiesen	Blätter	gegen Blutarmut
8 Vogelmiere	*Stellaria media*	in Beeten und Rabatten	Blätter und Blüten	viel Vitamin C
9 Gänseblümchen	*Bellis perennis*	auf jedem Rasen	Blätter und Blüten	ätherische Öle; entwässernd

Oder als Ersatz: Knoblauchsrauken-Blätter *(Alliaria petiolata)*, Scharbockskraut-Blätter *(Ranunculus ficaria)*, Spitzwegerich-Blätter *(Plantago lanceolata)*, Bärlauch-Blätter, -Stängel und -Zwiebeln *(Allium ursinum)* oder Küchenkräuter wie Petersilie, Schnittlauch oder Kresse.

Bäume im Frühling: Das grüne Wunder

Zu Millionen öffnen sich Anfang Mai gleichzeitig die zarten Blätter unserer Bäume. War der Wald im vergangenen Monat noch ein lichter Ort mit fröhlich-buntem Blütenteppich, so verwandelt er sich nun in eine Art gotische Kathedrale, die das Licht filtert wie durch hellgrünes venezianisches Glas.

 Dein Baum

→ Vorbereitung: Zeichenblock, Klebestift, etwas Schnur, Malkasten und Pinsel, Becher, Lappen, Flasche mit Wasser, Kleidung, die schmutzig werden darf

Einen Baum kennen zu lernen ist für Kinder ein eindrucksvolles Erlebnis. Bäume sind faszinierende Lebewesen – manche viel älter als wir selbst und so viel größer – für die Indianer sind es Wesen, die Erde und Himmel miteinander verbinden.

Lassen Sie jedes Kind „seinen" Baum finden: Das kann eine uralte, knorrige Eiche sein, genauso gut aber auch das Apfelbäumchen im Garten. Schenken Sie diesem Baum in der nächsten Stunde gemeinsam mit Ihrem Kind Ihre Aufmerksamkeit. Ermuntern Sie es, seinen Baum kennenzulernen, ihn zu malen, ein Blatt oder Rindenstückchen dazuzukleben.

„Greifbar" wird die Beziehung, wenn das Kind „seinen" Baum erklettern kann.

Besuchen Sie den Baum regelmäßig: Was hat sich verändert? Sind aus Knospen Blätter geworden? Blüht er jetzt oder reifen Früchte heran? Wie fühlt es sich an, später im Sommer unter einem dichten Blätterdach darin herumzuklettern? Finden Sie mit Hilfe eines Bestimmungsbuches heraus, um welchen Baum es sich handelt.

 Bäume-Blätter-Buch

→ Vorbereitung: helles Tuch, 8 Klarsichthüllen, 8 Blatt Papier, Schnellhefter, Klebestift, Bleistift

Sammeln sie jeweils zwei Blätter von Buche, Eiche, Kastanie, Linde und Ahorn und Birke sowie zwei Zweiglein von Lärche und Fichte (Seite 42) und breiten sie auf dem helles Tuch aus. Lassen Sie ihr Kind Blattpaare finden – welche davon kennt es? Die darf es auf Papier kleben, den Namen dazuschreiben und in die Klarsichthüllen stecken. Im Verlauf der Jahreszeiten kann es sein Bäume-Buch mit Rindenabdrücken, Früchten und Knospen ergänzen (Seite 122).

Bäume machen Dampf

→ Vorbereitung: Plastiktüte, Schnur

Die Plastiktüte um ein Zweigende mit mehreren Blättern binden und zuschnüren. Zwei bis drei sonnige Tage später kann man nachsehen, was passiert ist: In der Tüte hängen Wassertröpfchen, die von den Blättern

WUSSTEN SIE SCHON??

Müssen Bäume Pipi?

Mit dieser Frage erlebten unsere Kinder selbst uns als Biologen zunächst einmal sprachlos. Bäume essen und trinken schließlich auch: Mit ihren Wurzeln nehmen sie Wasser und die darin gelösten Nährstoffe aus dem Boden auf. Tatsache ist: Bäume benutzen alles, was sie aufnehmen, um daraus zu wachsen. Etwas scheiden sie aber doch aus und zwar über ihre Blätter: Reines Wasser (siehe Experiment „Bäume machen Dampf") und saubere Atemluft. Toll, oder?

Bäume sind mystische Wesen, zu denen man eine enge Bindung knüpfen kann.

ausgeschieden wurden. Ein großer Baum kann an einem Tag über seine Blätter bis zu

Zart bewimpert entfalten sich unsere Buchenblätter im Frühling.

400 Liter Wasser abgeben – das sind vierzig Eimer voll!

Sonne macht grün!

→ Vorbereitung: ein großer flacher Stein oder eine dunkle Tüte mit mehreren Steinen zum Beschweren

Decke ein Stück Rasen oder Wiese mit einem großen Stein oder mit Folie ab. Nach und nach werden die Pflanzen darunter blassgelb. Warum?

Blätter sind nur dann grün, wenn Sonne darauf fällt. Denn nur mit Hilfe der Sonnenenergie können Pflanzen ihren grünen Farbstoff (Chlorophyll) herstellen. Diese grünen Pigmente sind eine Art Mini-Kraftwerk der Pflanzen: Hier werden mit Hilfe von Sonnenlicht aus verbrauchter Atemluft (Kohlendioxid) und Wasser wertvolle Kohlenhydrate hergestellt, die Pflanzen zum Wachsen brauchen – ohne Sonne geht das nicht.

BÄUME IM FRÜHLING ...

Das Dach unserer Wälder

Im mitteleuropäischen Klima ist die ROT-BUCHE unser wichtigster Laubbaum. Deshalb ist die Entfaltung ihrer Blätter gegen Ende April ein regelrechtes Massenspektakel im Wald. Rot sind sie aber nicht – der Name rührt von dem rötlich schimmernden Holz. Die Blätter haben jetzt ganz zarte Wimpern.

Wie ausgestreckte Hände

Ahorn-Blätter sind ganz typisch: Fast jedes ist fünf-zählig und erinnert an unsere eigene Hand. Die „Fingerspitzen" vom Spitz-Ahorn sind scharf zugespitzt, daher hat er seinen Namen. Die kleineren Feld-Ahornblätter sind sanft geschwungen und beim BERG-AHORN sind die Blattränder grob gesägt.

Fichte sticht, Tanne nicht!

Wohl kein anderer Baum wird so oft verwechselt. So sind die meisten „Tannen" in Wahrheit FICHTEN. Leicht zu merken: Fichtennadeln pieksen und wachsen rings um den Zweig, Tannennadeln fühlen sich angenehm an, denn sie sind vorn stumpf und ordentlich gescheitelt in Zweierreihen aufgestellt.

Blütenkerzen im Mai

Die ROSS-KASTANIE mit ihren gefingerten Blättern fehlt wohl in kaum einer Ortschaft und ihre riesigen Blütenkerzen sind im Mai ein prächtiger Anblick. Wirklich heimisch ist sie bei uns nicht – Ende des 16. Jahrhunderts gelangte sie von Konstantinopel aus zu uns, gemeinsam mit Flieder und Tulpe.

... ERKENNEN

Tausend und mehr Herzen

Jedes Blatt ein Herz: Das macht die LINDE unverwechselbar und gab ihr den Ruf als „Baum der Liebe". Sie wächst nicht nur wild in Wäldern, sondern wird auch gern in Parks und als „Dorfbaum" gepflanzt. So taucht sie in zahlreichen Ortsnamen wie „Lindau", „Lindeck" oder „Hohenlinde" auf.

Flatterhaft im weißen Kleid

Die BIRKE fällt schon von weitem auf: Die weiße Rinde macht sie unverwechselbar.
Ihre Zweige sind fein und dünn, die Blätter typisch dreieckig zugespitzt und mit gesägtem Rand. Weil sie klein sind und leicht und zudem an recht langen Stielen baumeln, flattern sie bei jedem Windzug.

Maigrün mit knorrigem Geäst

Kein Kontrast ist schöner, als wenn die fast schwarzen, knorrigen EICHENriesen im Mai ihr hellgrünes, lichtdurchlässiges Laub entfalten. Nehmen Sie einmal unter so einem Baumriesen Platz und schauen Sie in seine Baumkrone! Eichenblätter sind charakteristisch eingebuchtet.

Neue Nadeln

Wenn sich die Nadelblätter der LÄRCHE im Herbst gelb verfärben und abfallen, hat das nichts mit Waldsterben zu tun! Im Gegensatz zu Fichte, Tanne und Kiefer, die immergrün sind, verliert die Lärche natürlicherweise ihre Nadeln – jetzt im Frühjahr wächst ihr ein neues, weiches, hellgrünes Nadelkleid.

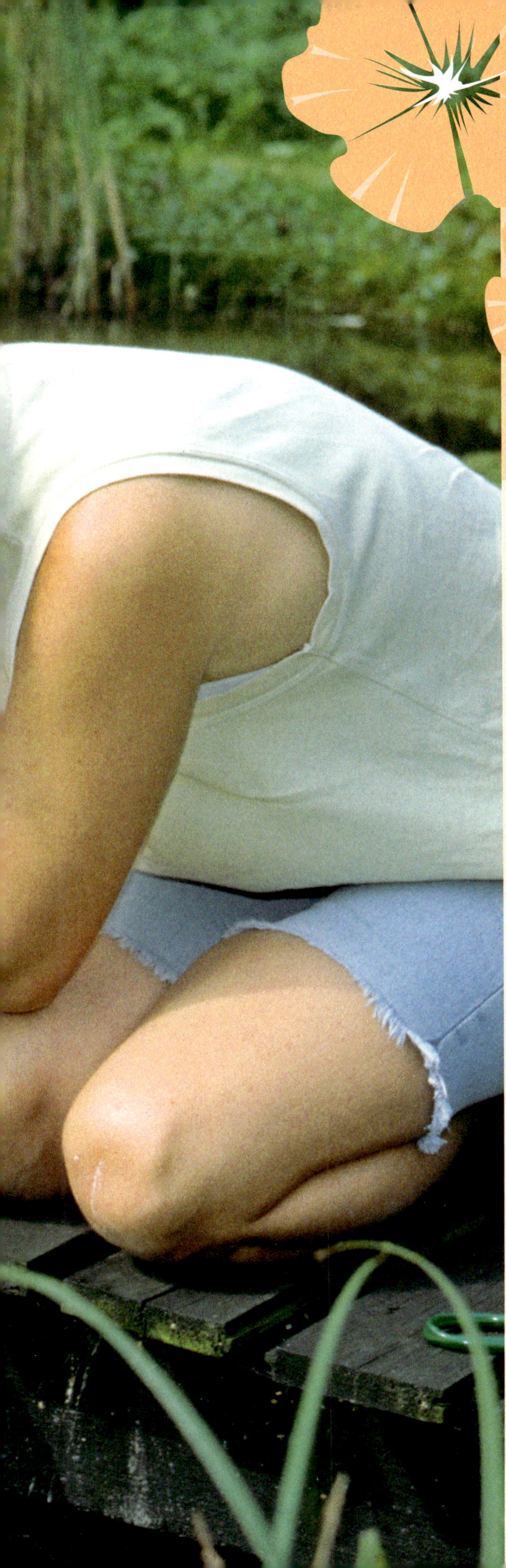

SOMMER

Von der Raupe zum Schmetterling: geheimnisvolle Verwandlung

Schmetterlinge haben Kinder, die nicht nur vollkommen anders aussehen als sie selbst: tatsächlich leben ihre Raupen auch ein völlig anderes Leben bis sie sich eines Tages in eine starre Puppe verwandeln. Aus ihr schlüpft wie durch ein Wunder ein bunter Falter.

Wer mit einer Kindergruppe über Schmetterlinge spricht, der kennt vermutlich die lebhaften Diskussionen, wenn es darum geht, was denn nun zuerst kommt – Puppe? Raupe? Schmetterling? Noch heiterer wird es manchmal, wenn die Eltern hinzukommen!

Die Tatsache, dass viele Insektenkinder vollkommen anders sind als ihre Eltern und bei der Entwicklung dorthin noch eine geraume Zeit regungslos herumhängen oder -liegen wirkt ja tatsächlich recht ungewöhnlich.

1 **Eier auf die Nahrungspflanze**

Die meisten Schmetterlinge legen ihre Eier nicht einfach irgendwohin, sondern kleben sie sorgsam an die Blätter einer ganz bestimmten Pflanze. Meist zwei bis drei Wochen später schlüpfen aus den Eiern winzig kleine Räupchen, die sofort anfangen zu fressen. Und zwar genau das, worauf sie sitzen.

WUSSTEN SIE SCHON??

Wo sind Schmetterlinge im Winter?

Was nur wenige wissen: Was im Vogelreich der Zugvogel, ist bei den Schmetterlingen der Wanderfalter. So ziehen Admiral und Distelfalter (Seite 50–51) jedes Frühjahr aus Südeuropa zu uns und versuchen im Herbst den Rückweg.

Sehr wenige Schmetterlinge können als Falter unseren Winter überstehen: Nur der Zitronenfalter (Seite 51) bleibt ungeschützt in freier Natur, denn er ist in der Lage, eine Art Frostschutzmittel selbst herzustellen. Tagpfauenauge, C-Falter und Großer Fuchs (Seite 50–51) suchen sich gegen Ende des Sommers frostfreie Verstecke in Schuppen, Kellern oder in Baumhöhlen. Die allermeisten Schmetterlinge aber überdauern den Winter als Ei, Raupe oder Puppe.

2 **Kleine Raupen Nimmersatt**

Schmetterlingsraupen sind richtige Fressmaschinen. Ähnlich wie in dem bezaubernden Kinderbuch „Die Kleine Raupe Nimmersatt" von Eric Carle knabbern sie wirklich fast pausenlos, allerdings gehören Sahnetorte und Käse in Wirklichkeit nicht auf ihren Speiseplan. Viele Raupen mögen tatsächlich nur eine einzige Pflanzenart.

Das große Wunder der Verwandlung

Ist die Raupe ausgewachsen, tut sie etwas ganz Unglaubliches: Sie spinnt sich ganz fest in eine Art Schlafsack ein. Darin passiert in den nächsten Wochen eine ganze Menge!

Der Raupe wachsen vier Flügel und ein langer Schmetterlingsrüssel. Bei manchen Raupen dauert diese Puppenruhe sogar mehrere Jahre! Schließlich schlüpft der fertige Schmetterling – bunt und ausgestattet mit vier Flügeln und einem langen, feinen Saugrüssel. Knabbern kann er nun nichts mehr, denn ihm fehlen dazu die Mundwerkzeuge.

Falter können höchstens noch süße Säfte saugen, manche nehmen auch gar keine Nahrung mehr zu sich. Ihre einzige Aufgabe besteht darin, sich zu paaren und Eier zu legen, aus denen dann die nächsten, winzigen Räupchen schlüpfen.

Dieses Wunder der Verwandlung live mitzuerleben, zählt sicher zu den großen Schauspielen der Natur. Wie das möglich ist, erfahren Sie auf den Seiten 48 und 49: „Schmetterlinge züchten".

Raupe, Puppe, Falter:
Live dabei!

Ausgerechnet Brennnesseln sind ein Schlaraffenland für Schmetterlingsraupen – viele essen nichts anderes als Brennnessel-Blätter! Kaum zu glauben, dass aus den kleinen schwarzen Stachelrittern bald bunte Schmetterlinge werden sollen. Wie das geht, erleben Kinder hautnah mit ihrer eigenen Schmetterlingszucht.

Das braucht man für die Schmetterlingszucht:
- ein Plastikterrarium aus dem Zoogeschäft (etwa 20×30 cm groß)
- ein Stück Mückennetz
- 2 kleine Glasvasen (zum Beispiel ein leeres Babynahrung-Gläschen) und einen Wattebausch
- 4–5 Schmetterlingsräupchen von Brennnesseln
- ab jetzt alle 2–3 Tage frische Brennnesseln
- Geduld und Ausdauer

Das beste Gefäß

Am einfachsten gelingt die Zucht in einem Plastikterrarium aus dem Zoogeschäft: Es lässt sich leicht reinigen, bequem öffnen und hat einen durchlöcherten Deckel, so dass die Raupen ausreichend mit frischer Luft versorgt werden. Die kleine Investition lohnt auf jeden Fall, denn diese Terrarien sind hervorragend zum Beobachten und kurzfristigen Halten zahlreicher Tiere wie Grashüpfer (Seite 54) oder beim „Tümpeln" im Teich (Seite 72) geeignet.

Das Terrarium wird so aufgestellt, dass der Deckel nicht nach oben zeigt, sondern nach vorne. Das ist wichtig, weil sich die Raupen häufig oben an der Decke verpuppen – beim Öffnen des Deckels nach oben könnten sie leicht kaputtgehen. Der Boden wird mit Küchenpapier ausgelegt: So lassen sich ihre „Hinterlassenschaften" bequem entfernen.

Richtig Füttern

Raupen brauchen alle 2–3 Tage frische Brennnesseln. Damit die Blätter frisch und saftig bleiben, werden die Brennnessel-Zweige in eine kleine Glasvase gestellt. Um zu verhindern, dass die Raupen ins Wasser fallen und ertrinken, wird die Öffnung mit einem Wattebausch verstopft.

Die gesammelten Raupen vorsichtig auf die Brennnessel-Blätter setzen. Nach 2–3 Tagen einfach einen neuen Brennnessel-Strauß ins Terrarium stellen; die Raupen wechseln dann von selbst auf das frische Futter über und der welke Strauß kann herausgenommen werden. Sind die Raupen noch sehr klein, breitet man zur Sicherheit noch ein Stück Mückennetz über die Öffnung, bevor der Deckel geschlossen wird.

WUSSTEN SIE SCHON??

Welche Raupen sind geeignet?

Nicht alle Schmetterlingsraupen sind gut zum Züchten geeignet. Manche schlüpfen erst im nächsten Jahr und es ist schwierig, sie heil über den Winter zu bekommen. Manche Arten fressen nur ganz bestimmte seltene Pflanzen oder sind recht empfindlich.

Mit den Raupen, die sich auf Brennnessel-Kost spezialisiert haben, kann nichts schief gehen. Sie sind allesamt robust, kommen noch häufig in freier Natur vor und verwandeln sich innerhalb weniger Wochen in Schmetterlinge. Wichtig ist auch, dass ihre Nahrungspflanze, die Brennnessel, überall häufig zu finden ist.

Erfolg vorprogrammiert: Wer so sorgfältig züchtet, kann bestimmt bald Schmetterlinge fliegen lassen.

Raupe – Puppe – Falter

Jeden Tag werden die Raupen nun ein Stückchen größer. Nach 3–4 Wochen sind die Raupen plötzlich weg. Dafür hängen lauter kleine mumienähnliche Gebilde im Terrarium. Das sind die Schmetterlings-Puppen.

Nach etwa zwei Wochen verändern die Puppen ihre Farbe. Wenige Tage später platzt die Puppenhülle auf. Heraus kommt ein noch ganz verhutzelter, zusammengefalteter Schmetterling. Wer einen Schmetterlingsstrauch in der Nähe hat, kann einen kleinen Zweig ins Terrarium legen und beobachten, wie die Falter begierig den Nektar aus den Blüten saugen.

Schmetterlinge fliegen lassen

Nun ist es Zeit, die Schmetterlinge in die Freiheit zu entlassen – am besten da, wo Sie die Räupchen gefunden haben. So ist sichergestellt, dass die Falter Brennnesseln finden, an deren Blätter sie ihre Eier kleben können, aus denen wieder kleine Stachelraupen schlüpfen.

Geschafft! Aus der Raupe ist ein prächtiger Admiral geschlüpft.

SCHMETTERLINGE...

Weit gereist

Wenn im Mai die ersten ADMIRALE fliegen, dann kommen diese von weither – sie gehören zu den Wanderfaltern! Jedes Jahr fliegen ganze Schwärme aus Südeuropa bei uns ein und sehen schon richtig „abgeflogen" aus. Sie legen ihre Eier auf Brennesseln. Ihre Nachkommen ziehen im Herbst wieder in Richtung Süden ab.

Augen zum Erschrecken

In Ruhe klappt das TAGPFAUENAUGE seine Flügel zusammen – dann ähnelt er eher einem dürren Blatt und ist schwierig zu entdecken. Hungrige Vögel schreckt es ab, indem es blitzschnell seine Flügel auf- und zuklappt: Lauert hinter den riesigen Augen vielleicht ein noch größeres Tier? Und weg ist es!

Falter der Sonnengöttin

Wie die Strahlen der aufgehenden Sonne leuchten die orangeroten Bänder auf den Vorderflügeln des AURORAFALTER-Männchens. Deshalb wurde er nach der Sonnengöttin Aurora benannt. Schon im April weckt die Frühjahrssonne ihn aus seiner Puppenhülle – so fliegt er als einer der ersten Schmetterlinge.

Mit blauer Perlenkette

Er überwintert gern auf Dachböden und in Schuppen. Auch sonst sucht der KLEINE FUCHS die menschliche Nähe und ist in blütenreichen Gärten nicht selten. Typisches Kennzeichen ist die „blaue Perlenkette" an den Hinterrändern der Flügel. Seine Raupen ernähren sich von Brennesseln.

... ERKENNEN

Der bringt den Frühling!

Kaum wird es im Februar etwas wärmer, fliegt der gelbe ZITRONENFALTER auch schon wieder auf Wiesen und in Gärten und bringt die Hoffnung auf den nahenden Frühling mit. Dieser Schmetterling überwintert als einziger Falter bei uns draußen in freier Natur – mit körpereigenem Frostschutzmittel!

Tropisch schön

Der SCHWALBENSCHWANZ ist heute eine gefährdete Art. Wissenschaftler fanden in einem Experiment heraus, dass seine Raupen auf gedüngten Wiesen sterben. Durch zu frühes Mähen werden Eier und Puppen auch dort vernichtet, wo es nicht sein müsste – an Wegrändern und Uferböschungen.

Guter Geschmack!

KOHLWEISSLINGE machen sich bei Gärtnern unbeliebt, weil ihre Raupen denselben Geschmack haben wie wir: Sie knabbern gern an Weißkohl, Brokkoli und Kohlrabi, bis oft nur noch Gerippe davon übrig sind. Nicht ärgern, lassen Sie Ihre Kinder doch lieber züchten (Seite 46)!

Kuschelige Distelbetten

DISTELFALTER sind Wanderfalter, genau wie die Admirale. Die meisten fliegen im Juni/Juli aus den sommertrockenen Mittelmeerländern bei uns ein. Ihre Raupen findet man eingesponnen in zusammengerollten Distelblättern, die Falter besuchen in Gärten den Sommerflieder, wo sie viel Nektar finden.

Wiesenkinder

Wiesen und ungemähte Wegränder sind im Sommer voller Leben. Da blüht, hüpft, zirpt, summt und saust es und an fast jeder Pflanze gibt es bunte Tierchen zu entdecken. Viel braucht es nicht, um das abenteuerliche Leben auf der Wiese zu entdecken. Hauptsächlich eins: Ein Quäntchen Muße.

Aus Blüten, Gräsern und Früchten zaubern Kinder im Nu Blumenwesen.

Wenn wir vor einer Blume stehen bleiben und anfangen, genauer zu gucken, dann entdecken wir oft nicht nur ein Tierchen, sondern gleich mehrere verschiedene. Auf der Blüte sitzt ein kleiner Schmetterling, am Blatt saugt gerade eine Zikade, darunter futtert eine gestreifte Raupe Blattgrün und plötzlich hüpft eine große grüne Heuschrecke davon, die wir gar nicht bemerkt hatten!

Welche Blume hat die meisten Tiere?

Viele Kleintiere sind so gut getarnt, dass wir sie im Vorbeigehen kaum bemerken. Die

Aufgabe besteht darin, die Pflanze mit den meisten Tierchen zu finden. Lassen Sie sich überraschen – und wundern Sie sich nicht, wenn Distel und Brennnessel sich als „Schlaraffenland für Insekten entpuppen". Wer findet die meisten, verschiedenen Tiere auf einer Pflanze? Der Gewinner bekommt feierlich eine „Medaille" verliehen (eine Kette aus Wollfaden und einer daran festgeknoteten Blüte).

Lass Blumenkinder tanzen

➡ Vorbereitung: Aquarellpapier oder fester Zeichenkarton, Malkasten, Pinsel, Wasser, Holzleim, dunkler Filzstift, Wiese oder Wegrand mit Blumen und Gräsern und wahlweise ein windstiller Ort oder Tag

Auf nassem Zeichenkarton malen die Kinder mit dicken Pinseln und Wasserfarben ihre Elfenwiese. Während die in der Sonne trocknet, suchen sie Blütenblätter, Gräser und anderes Material, woraus sie Blumenkinder auf die Wiese kleben möchten. Aus den einzelnen Teilen entstehen im Nu zarte, duftende Blumenelfen. Die Kinder sollten lernen, nur soviel zu pflücken, wie sie tatsächlich benötigen.

Diese kreative Aufgabe fördert die Wahrnehmung der verschiedenen Formen, Farben und Düfte der Pflanzen am Wegesrand. Lassen Sie der kindlichen Phantasie dabei möglichst freien Lauf: Blumenkinder gibt es in vielen, verschiedenen Gestalten – und vielleicht ist sogar ein kerniger Wiesentroll dabei!

Fotografieren statt sammeln – die eigene Kamera ist ein wichtiges Hilfsmittel.

Wer lebt auf der Wiese?

➜ Vorbereitung: Insektenkescher, ein helles Tuch, Lupen und Becherlupen, Bestimmungsbuch für Insekten und Blumen

Breiten Sie ein helles Tuch auf der Wiese aus und legen Sie Lupen und Bestimmungsbücher bereit. Die Kinder durchstreifen mit ihren Keschern die Wiese – die Aufgabe besteht darin, möglichst viele verschiedene Wiesenbewohner wie Zikaden, Wanzen, Raupen, Schnecken, Käfer und Spinnen zu finden. Die Tierchen werden auf das Tuch gelegt (sehr agile im Becherlupenglas) und mit Hilfe der Bestimmungsbücher bestimmt.

Wiesen-Lausch

Nichtstun ist eine wunderbare Beschäftigung, besonders im Sommer auf einer Wiese. Legen Sie sich gemeinsam mit Ihrem Kind auf den Rücken und beobachten Sie die Wolken – welche Gestalten entdecken Sie dort? Schließen Sie die Augen und lauschen Sie dem Zirpen, Summen und Singen. Spüren Sie die wärmende Sonne auf der

Haut und die kitzelnde Gräser. Malen oder Schreiben Sie mit dem Finger Wiesentiere oder deren Namen auf den Rücken des Kindes – kann es den Namen fühlen?

WUSSTEN SIE SCHON??

So sammelt man am besten

Kinder sammeln leidenschaftlich gern und speziell unsere eigenen Kinder so ziemlich alles. Die Natur bietet hier ein schier unerschöpfliches Betätigungsfeld: Ob Federn, Tierspuren (Seite 117), Steine, Früchte oder Blumen – jedes Fundstück ist ein kleiner, kostbarer Schatz und sollte auch als solcher gewürdigt und aufbewahrt werden.
Aus Schuhkartons (noch mehrmals unterteilen) entstehen im Nu geeignete Sammelboxen und aus getrockneten Blumen und Blättern (Seite 60) individuelle Bestimmungsbücher. Um lebende Tiere „aufzubewahren" leistet eine einfache Digitalkamera mit Makrofunktion unschätzbare Dienste, auch kleineren Kindern!

Grashüpfer & Heupferdchen: Hopsende Sommermusik

Bei jedem Schritt durch die Wiesen im Juli und August hüpft und springt es nach allen Seiten davon. Kinder lieben es, den kleinen Tierchen hinterher zu springen und sie mit bloßen Händen zu fangen. Mit Kescher, Gefäß und einem Heuschrecken-Bestimmungsbuch werden sie schnell zum Experten!

Naturmaler

➡ Vorbereitung: eine lebende Heuschrecke, Bestimmungsbuch, Papier, Bleistift und Buntstifte

„Mal doch mal eine Heuschrecke!" Frei aus dem Kopf natürlich. Dieses „Spielchen" können Sie auch zum Thema Ameisen, Hummeln oder Spinnen spielen. Über das Rätselraten der Mitspieler „Wie viele Beine hat die denn eigentlich?", „Haben die einen Mund?" wird deutlich, wie wenig genau wir die Tiere oft wahrnehmen. Nun dürfen die Kinder eine echte Heuschrecke zum Abzeichnen nehmen, oder auch ein Foto im Bestimmungsbuch. Der Text im Bestimmungsbuch gibt Aufschluss darüber, welche Merkmale besonders wichtig und typisch sind. Das genaue Hinschauen ist nicht nur eine hervorragende Wahrnehmungsübung – es ist auch die Voraussetzung für das spätere Bestimmen der zahlreichen, unterschiedlichen Arten.

Sommerwiesen sind spannende Forschungslabore für neugierige Kinder.

Genau hingeschaut: so sieht eine richtige Heuschrecke aus.

Tipp: Erst ab Juli sind die meisten Heuschrecken vollständig ausgewachsen und zeigen die typischen Merkmale.

Wiesenhüpfer-Terrarium

➡ Vorbereitung: Plastik-Terrarium aus dem Zoogeschäft, Kescher, Heuschrecken – aber nur solche mit kurzen Fühlern

Wie frisst ein Grashüpfer, wie macht er Musik und wie sieht es aus, wenn er sich häutet? Im eigenen „Wiesenhüpfer-Terrarium" können Kinder die faszinierenden Tiere hautnah erleben.

Ganz wichtig: Nur Heuschrecken mit kurzen Fühlern sind zum Halten gut geeignet, weil nur sie reine Pflanzenfresser sind. Bitte achten Sie darauf, die Tiere regelmäßig mit frischem Futter zu versorgen und sie am selben Platz wieder freizulassen.

Warum musizieren Heuschrecken?

Was wir hören, sind meist die Heuschrecken-Männchen. Viele Weibchen können zwar auch singen, aber nur ganz leise. Bei den Heuschrecken ist es wie bei den Vögeln: Mit ihren Gesängen locken die Männchen

Weibchen an und signalisieren „Das hier ist mein Revier!"

Kleine Nachtmusik

Viele Langfühlerschrecken singen nur bei Dunkelheit. So kommt es, dass an lauen Sommerabenden besonders schöne Heuschrecken-Konzerte zu hören sind. Ein unvergessliches Erlebnis für Kinder in den Sommerferien ist eine Fahrradtour durch Felder und Wiesen bei Einbruch der Dunkelheit. Jede Heuschrecke hat ihren eigenen Rhythmus – versuchen Sie einmal, verschiedene Gesänge voneinander zu unterscheiden. Hilfreich zur Artbestimmung anhand der Gesänge ist eine Heuschrecken-CD.

Die tut nix! Der Stachel dient nur zur Eiablage.

WUSSTEN SIE SCHON??

Schau' mir auf die Fühler!

Für die meisten Menschen sind „Grashüpfer" und „Heuschrecken" wohl ein und dasselbe. Genau genommen ist aber „Heuschrecke" der Überbegriff für zwei große Gruppen von Fluginsekten:

Das eine sind die Kurzfühlerschrecken, zu denen auch die Grashüpfer zählen. Sie haben kurze Fühler, fressen meist Gräser und Kräuter und erzeugen ihren Gesang, indem sie nach Art der Geige einen Hinterschenkel über einen Flügel streichen. Bei den Langfühlerschrecken sind die Fühler viel länger als der gesamte Körper; viele ernähren sich von Fliegen, Raupen oder sogar Kartoffelkäferlarven. Sie musizieren, indem sie ihre Vorderflügel aneinander reiben.

Marienkäfer:
Kleine Glücksbringer

Unter allen Tieren der Erde sind Käfer mit Abstand die erfolgreichste Gruppe: Knapp eine halbe Million verschiedene Arten bevölkern nahezu jeden denkbaren Lebensraum. In Mitteleuropa sind es immerhin noch rund 8000 verschiedene Arten – der beliebteste Käfer aber ist und bleibt der Marienkäfer.

So bekannt er auch ist und auf so vielen Kinderhänden er schon bereitwillig landete – die meisten kennen eigentlich nur einen Teil von ihm. Wer hat schon mal ein Marienkäfer-Kind gesehen?

Bauen Marienkäfer Nester?

Marienkäfer legen zwar Eier, ein Nest brauchen sie aber nicht zu bauen. Ihre Eier sind nämlich ordentlich klebrig, sie können sie einfach an einem Blatt festkleben. Aber nicht einfach irgendwo: Damit ihre Brut nach dem Schlüpfen gleich Nahrung findet, kleben sie ihre Eier in die Nähe einer Blattlaus-Kolonie. Blattläuse sind die Lieblingsnahrung der Marienkäfer-Kinder!

Glück gehabt: Wo sie ihre Eier ablegen, haben Blattläuse keine Chance.

Die Kinder vom Marienkäfer

Nach einer Woche platzen die Eier auf – was kommt denn da heraus? Lauter graue Würmchen! So wie Schmetterlinge ihren ersten Lebensabschnitt als Raupen verbringen, kommen Käfer als wurmähnliche Käferlarven zur Welt.

Nun heißt es möglichst schnell möglichst viel fressen: 600 bis 800 Blattläuse muss eine Käferlarve in den nächsten drei bis sechs Wochen erbeuten, bevor sie zum richtigen Marienkäfer wird. In warmen, trockenen Sommern sind viele Pflanzenstängel voll mit Blattlaus-Kolonien. Häufig findet man dann in der Nähe auch Marienkäfer-Larven!

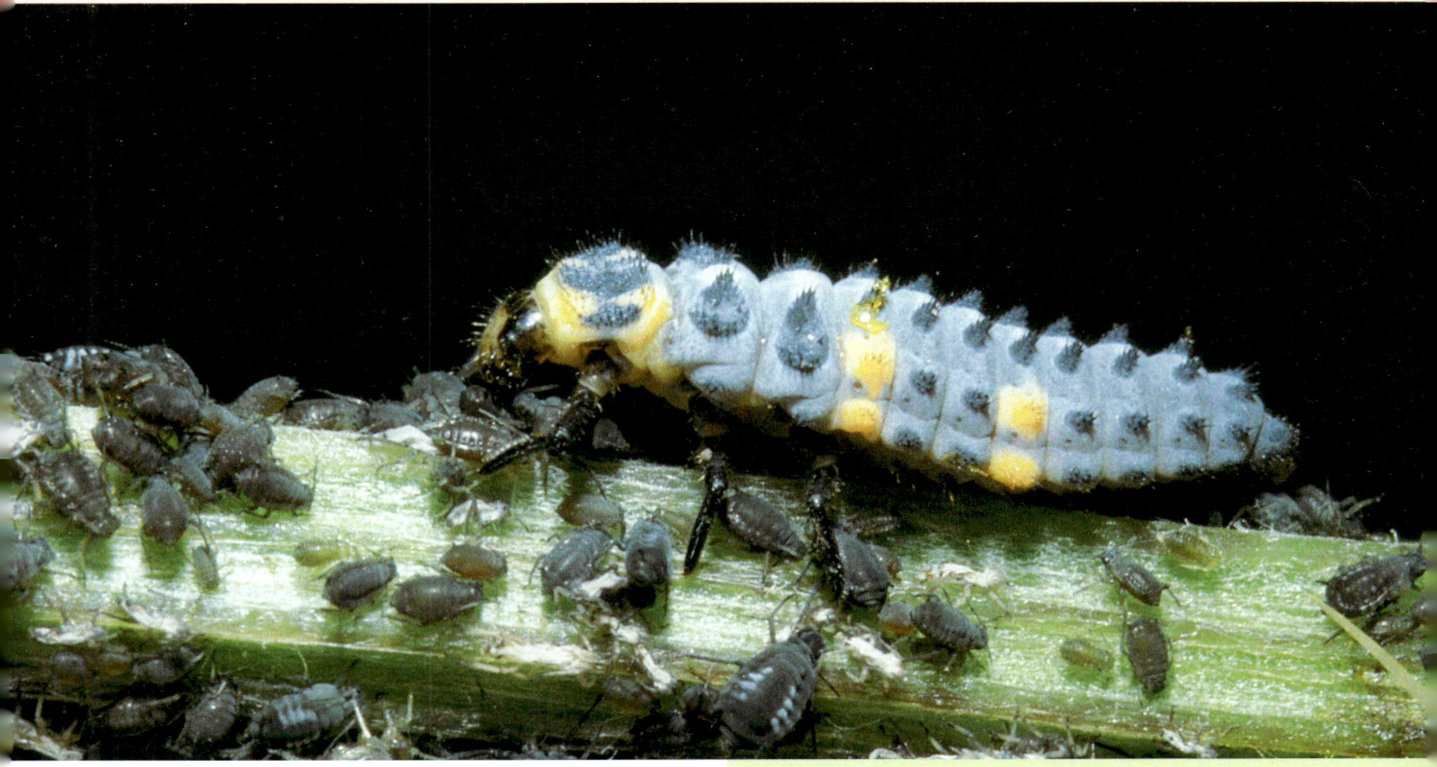

Unglaublich: So sieht das Marienkäfer-Kind („Larve“) aus.

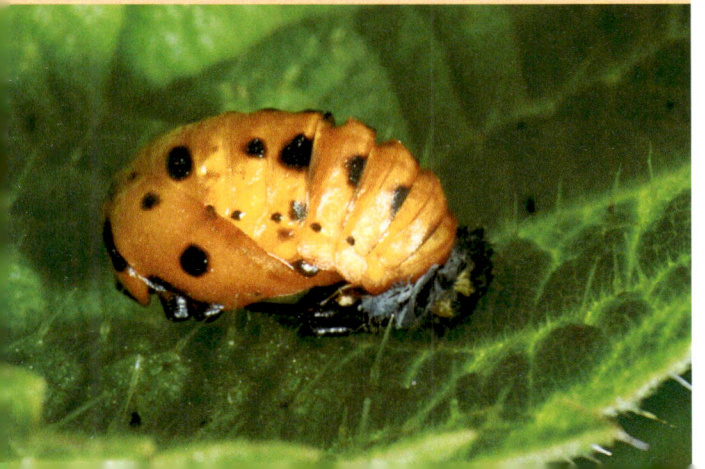

Larve – Puppe – Käfer

Im Juni oder Juli ist die Larve auf etwa einen halben Zentimeter gewachsen. Grau und stachelig ist sie jetzt und hat orangeroten Flecken.

Um zum ausgewachsenen Käfer zu werden, muss sie sich noch verpuppen: Dazu schlüpft die Larve kurzerhand aus ihrer Haut, wickelt sich darin ein und klebt nun scheinbar regungslos an einem Blatt. Nach einer Woche krabbelt aus der Puppe der fertige Marienkäfer! Diese frisch geschlüpften Marienkäfer erkennt man daran, dass sie kräftiger gefärbt sind, als ihre Eltern. Im Herbst sammeln sie sich und suchen ein frostfreies Winterversteck.

Klebt reglos am Blatt: Aus der Larve ist eine unbewegliche Puppe geworden.

Die Läusejäger

Wer viele Marienkäfer im Garten oder auf dem Feld hat, kann sich glücklich schätzen: Mit ihrem immensen Appetit auf Pflanzen schädigende Läuse sind Marienkäfer wichtige Nützlinge. Sie werden sogar gezielt gezüchtet und zur biologischen Schädlingsbekämpfung ausgesetzt.

Marienkäfer züchten

➜ Vorbereitung: Plastikterrarium aus dem Zoogeschäft (Seite 48), Marienkäfer-Larven, Pflanzenstängel mit Blattläusen

Wenn Sie Marienkäfer-Larven finden, können Sie mit Ihren Kindern die spannende Verwandlung zum fertigen Marienkäfer miterleben. Wichtig ist hierbei die regelmäßige Versorgung mit Blattläusen. Ansonsten funktioniert die Zucht nach dem Vorbild der Schmetterlings-Zucht (Seite 49).

Das Element Wasser erleben: Forschen, fühlen, lauschen

Wasser ist ein wunderbares Spielelement für Kinder. Darin kann man planschen, und matschen, es trägt Schiffchen, am Meer schmeckt es salzig und manchmal fällt es sogar vom Himmel. Das Element Wasser lässt sich schon in der kleinsten Pfütze intensiv erleben und erforschen.

Aufgeregt kommt Knut zu uns gestürmt: „Mein Kürbis ist geschlüpft!" In seiner kleinen Hand liegen zwei frisch gekeimte Kürbissamen. Dass Wasser wie durch Zauberhand aus leblos wirkenden Samen echte Pflänzchen herauslocken kann, ist für Kinder unglaublich faszinierend!

Doch Wasser kann noch sehr viel mehr: Am Bach wäscht es „steinharte" Kiesel glatt, in Berge gräbt es in Jahrmillionen tiefe Schluchten und jedes Menschenkind wächst in einer schützenden Hülle aus Fruchtwasser heran. Letztendlich macht es durch seine spezifischen Eigenschaften Leben auf unserem Planeten erst möglich.

Wasser lässt aus Samen richtige Pflanzen werden.

WUSSTEN SIE SCHON??

Expedition Regenwald

Was nur die wenigsten wissen: An regnerischen Tagen können wir in der Natur eine ganz besondere Atmosphäre mit einzigartigen Stimmungen und Beobachtungen erleben. Lassen Sie sich überraschen, was es im tropfnassen Grün alles zu entdecken gibt: Amseln und Rotkehlchen singen besonders intensiv im Zwielicht und Frösche, Kröten, Molche, Feuersalamander und viele Schnecken sind am liebsten bei Regen unterwegs.
Entdecken Sie, welche Blumen bei Regen ihre Blüten schließen, um den kostbaren Blütenstaub vor dem Davonschwimmen zu bewahren, lauschen Sie den Wassertropfen, die von den Blättern abperlen und fühlen Sie Moospolster, die sich jetzt wie Schwämme mit dem kostbaren Nass voll saugen.

Wasser lässt wachsen

→ Vorbereitung: unglasierter Tonuntersetzer, Sprühflasche mit Wasser und Kressesamen oder Getreidekörner

Lassen Sie Ihr Kind die Samen auf den Tonuntersetzer streuen und vorsichtig wässern – die Samen dürfen nicht wegschwimmen! Am besten geht es mit einer Sprühflasche.

Wenn Sie den Untersetzer auf eine halbsonnige Fensterbank stellen und weiterhin regelmäßig befeuchten, beginnen die Samen nach wenigen Tagen, sich zu öffnen – und wachsen ganz ohne Erde zu kleine Pflänzchen heran. Wer aus seinen Keimlingen größere Pflanzen ziehen möchte, setzt sie später in einen Blumentopf mit Erde.

Regelmäßig gießen nicht vergessen!

Kristalle züchten

→ Vorbereitung: 6 Esslöffel Speisesalz (etwa 100 g), Kochtopf, sauberes Marmeladenglas, Bleistift, ein Stück Wolle

Mit diesem ebenso einfachen wie faszinierenden Experiment können wir das Salz im Wasser sichtbar machen: ein Glas Wasser mit dem Salz im Kochtopf verrühren und erwärmen, bis kein Körnchen mehr übrig ist. Das Salzwasser in das Glas geben. Den Wollfaden am Bleistift festknoten und den Stift so über das Glas legen, dass das Ende des Wollfadens frei im Salzwasser schwimmt. An einen warmen, sonnigen Platz stellen und beobachten, wie in den nächsten Tagen und Wochen der Salzkristall am Wollfaden wächst.

Tipp: Besonders große, haltbare Kristalle bilden sich aus dem ungiftigen, in der Apotheke erhältlichen Salz „Alaun" (Kaliumaluminiumsulfat) – man braucht es auch zum Selbermachen ungiftiger Knete (Seite 99). Hier genügen 3 Esslöffel Alaun (etwa 50 g) auf ein Glas Wasser.

Kraftvoll: Das Element Wasser in freier Natur hat viele Gesichter.

Wie durch Zauberei wird hier das Salz im Wasser wieder sichtbar.

Regenmesser

→ Vorbereitung: stabiler Stock, Plastikflasche, Schere, Lineal, wasserfester Folienschreiber, durchsichtiges Paket-Klebeband, Notizheft

Forscher messen die Regenmenge als „Niederschlag in Millimetern". Dabei entspricht jeder Millimeter Niederschlag einer Niederschlagsmenge von 1 l je m² Bodenfläche.

Das können Kinder auch: Schneiden Sie den Hals von einer Plastikflasche ab und setzen Sie diesen abgeschnittenen Teil umgekehrt in die „geköpfte" Flasche. Dieser Trichter verhindert, dass allzu viel Wasser aus dem Regenmesser verdunstet. Um Unebenheiten am Flaschenboden auszugleichen, wird etwas Wasser hineingefüllt. Nun mit einem Lineal die Messskala von 0 bis 10 cm aufmalen – der Nullpunkt liegt an der Wasserlinie. Nun muss der Regenmesser nur noch mit dem Klebeband am Stock befestigt werden.

Immer um die gleiche Uhrzeit kann Ihr Kind in den nächsten Wochen den täglichen Niederschlag messen, ihn in einem Notizheft festhalten und so den Verlauf verfolgen. Spannend ist es auch, ein Thermometer und ein Windrad daran anzubringen (Seite 22).

Natur-Werkstatt: Kräuter am Wegesrand

Der Blumensommer bietet einen so reichen Schatz an Düften, Gaumenfreuden und Heilkräutern, dass wir es noch nie geschafft haben, ihn völlig auszuschöpfen! Da heißt es Suchen, Sammeln, Schnuppern und Schmecken – und was wir nicht sofort verarbeiten können, das Trocknen wir für später.

Was unsere Großmutter noch wusste: Wenn der Holunder seine dicken, weißen und umwerfend duftenden Blütenschirme öffnet, beginnt unser Sommer (Seite 11). Bald überzieht der Blütenschleier von Kamille und Schafgarbe (Seite 63) Wiesen und Wegränder. Dazwischen finden wir Wegerich und Beifuß (Seite 62)und an feuchten Ufern von Gräben und Bächen warten umwerfend

süße Düfte nach Mandel und Pfefferminze (Seite 62 und 63), die wir auf gar keinen Fall verpassen dürfen!

Duftendes Traumkissen

→ Vorbereitung: ein Stoffsäcklein (etwa 10×15 cm) nähen, dabei eine schmale Seite zum Befüllen offen lassen; außerdem ein hübscher waschbarer Bezug, Nadel und Faden, duftende Blüten und Blätter

Düfte sammeln und sie als Erinnerung an den wunderbaren, Blütensommer-Tag mit

Wo so viele Blumen einer Art blühen, dürfen wir ruhig einen Duftstrauß für unser Traumkissen pflücken.

Fix genäht: duftendes Traumkissen für einen erholsamen Schlaf.

nach Hause nehmen – das geht ganz einfach! Am köstlichsten ist der Duft von Mädesüß-Blüten, aber auch Kamille, Holunder, Schafgarbe und die Blätter von Pfefferminze und Thymian (Seite 63) verströmen ein herrliches Aroma.

Die Kinder pflücken einige Stängel und hängen sie zu Hause in kleinen Sträußen zum Trocknen auf. Dann werden sie in ein Stoffsäcklein gefüllt und dieses mit Nadel und Faden zugenäht. Zum Schluss noch einen waschbaren Stoffbezug darüber ziehen.

Blütenkranz

Das beherrschte früher jedes Mädchen – die hübsche Tradition, Blumen zu Kränzen zu binden. Es funktioniert mit fast allen Blumen, nur der Stängel muss biegsam und lang genug sein. Aber bitte nur solche Blumen pflücken, die häufig sind oder ohnehin bald gemäht würden oder solche, die man noch trocknen und weiter verarbeitet kann (zum Beispiel für das Traumkissen).

Mit dem Fingernagel wird der Stängel der ersten Blume eingeritzt und in den Ritz der Stängel der zweiten Blume gesteckt. Nun diesen zweiten Stängel einritzen und die dritte Blume hineinstecken und immer so weiter. Der Stängel der letzten Blume wird dann wieder durch den Stängel der ersten Blume gefädelt.

Blumenpresse

→ Vorbereitung: 2 Sperrholzplatten DIN-A4 (mindestens 5 mm dick), Schleifpapier, Bohrmaschine mit Bohrer (etwa 6 mm), 4 Flügelmutter-Schrauben, Zeitungspapier, Karton, Schere, Wasserfarben

Mit dem Schleifpapier die Kanten der Platten glätten, dann die Platten übereinander legen und an jede Ecke ein Loch durch beide Platten gleichzeitig bohren. Die Flügelmutter-Schrauben mit Unterlegscheibe von unten durch beide Platten stecken und von oben mit Flügelmutter und Unterlegscheibe festziehen. Zum Schluss Pappe und Zeitungspapier so zuschneiden, dass sie genau in die Presse passen (auch zwischen die Schrauben!) und die Presse bunt bemalen.

Ein Herbarium anlegen

→ Vorbereitung: Bestimmungsbuch, getrocknete und gepresste Blumen, 1 DIN-A4-Ordner, Klarsichthüllen zum Einheften, DIN-A4-Blätter, Klebestift, Bleistift

Wer die gepressten Blumen bestimmt hat, kann sich daraus, wie früher die Mönche in den Klöstern, sein eigenes, kostbares Blumen-Buch basteln: Auf jede Seite wird eine Pflanze geklebt und beschriftet, jedes Blatt in eine Klarsichthülle gesteckt und in einen Ordner geheftet. Das sieht hübsch aus und hilft beim Lernen der Pflanzennamen.

WUSSTEN SIE SCHON??

Richtig Sammeln und Trocknen

Sie sollten nur dort sammeln, wo keine Gifte verwendet werden. Meiden Sie auch „Hunde-Gassi-Strecken" und vielbefahrene Straßen. Sammeln Sie nur solche Pflanzen, die sie genau kennen, schlagen Sie ansonsten vorsichtshalber in einem Bestimmungsbuch nach. Nehmen Sie nur schöne und saubere Pflanzenteile. Transportieren Sie die Pflanzen am besten in Leinenbeuteln nach Hause und hängen sie hier sofort in einem möglichst dunklen Raum in kleinen Sträußen zum Trocknen auf. Fertig getrocknete Pflanzen werden in beschrifteten Papiertüten aufbewahrt.

WILDKRÄUTER...

Da steckt Sonne drin

Mit großen, flachen Blütendolden aus unzähligen winzigen Blüten fängt der HOLUNDER die ganze Kraft der Mittsommersonne ein. In der Antike schon galt dieser Strauch als Universalmedizin. Seine getrockneten Blüten werden zu Tees verarbeitet, die Beeren zu vitaminreichem „Fliederbeersaft".

Hohl muss sie sein!

Die ECHTE KAMILLE wirkt entzündungshemmend – äußerlich aufgetupft oder als Tee aufgebrüht. Um eine Verwechslung mit der (unangenehm riechenden) Hundskamille zu vermeiden, zupft man einfach ein Blütenköpfchen auseinander: Wenn es innen hohl ist, handelt es sich um die Echte Kamille.

Süßer Mandelduft

Das liebliche MÄDESÜSS ist im Sommer die Begleiterin unserer Bäche und Gräben! Seine Blüten ragen hoch aus der Uferregion. Das süße, mandelartige Aroma würzte früher unser Bier und manchen Honigwein („Met-Süße"). Wunderbar duftet es in Trockensträußen und Duftkissen, als Tee wirkt es schweißtreibend.

Sehr bekömmlich

Der BEIFUSS ist nah verwandt mit dem Wermut, der wegen seines bitterherben Aromas und seiner Bekömmlichkeit fetten Speisen oder auch Schnäpsen zugesetzt wird. Unser Beifuß kann hierfür genauso benutzt werden, er ist nur weniger herb. Und ein Beifuß-Blatt unter der Fußsohle erfrischt wunderbar!

... ERKENNEN

Kerzen für den König

Ihr Name passt so wunderbar: Denn KÖNIGS-KERZEN ragen mit ihrer stattlichen Größe so leuchtend aus der Vegetation, als hätte man sie dort eigens für das demnächst vorbeifahrende Königspaar postiert. Aus den Blüten der verschiedenen Arten lassen sich heilkräftige Hustentees bereiten.

Indianerpflaster

SPITZWEGERICH wächst praktisch an jedem Wegrand. Sein Saft enthält keimtötende Wirkstoffe – eine Art pflanzliches Antibiotikum ohne schädliche Nebenwirkungen! Ob Brennnessel-Quaddeln oder Bienenstich: einfach einige Blätter fest zerdrücken und damit die Stelle betupfen.

Pfefferminz-Tee

Unsere ECHTE PFEFFERMINZE entstand vor etwa 300 Jahren aus einer Kreuzung zwischen Wasserminze und Grüner Minze. Mittlerweile gibt es mehrere hundert Sorten der beliebten Minze. Auch die wilde Wasser-Minze eignet sich hervorragend zum Aufbrühen und ergibt abgekühlt ein erfrischendes Sommergetränk!

Bauchwehkraut

SCHAFGARBE wirkt ähnlich wie Kamille, sie schmeckt aber bitterer und ist ein hervorragendes Mittel gegen Magenbeschwerden. Hautempfindliche Menschen sollten beim Sammeln vorsichtig sein: In der Sonne gepflückt kann Schafgarbe eine Hautentzündung auslösen.

Aufgespürt:
Tiere der Nacht

Wenn die Dämmerung hereinbricht, begeben sich auch die Tiere langsam zur Ruhe – aber nicht alle! Manche kommen erst jetzt aus ihren Verstecken gekrochen. Die einen gehen lautlos auf die Jagd, einige Schnaufen und Schnarren und andere Blinken wie kleine Taschenlampen.

Für Eulen beginnt jetzt die Haupt-Jagdzeit: Sie sitzen still auf Ästen um plötzlich lautlos auf zu ihrer Beute zu fliegen. Vor dem Nachthimmel sehen wir auch Fledermäuse auf Insektenjagd und dicht über der Wiese leuchten Glühwürmchen. Mit Hilfe ihrer leuchtenden Hinterteile finden sich Männchen und Weibchen dieser kleinen Käfer auch bei Nacht. Vor duftenden Blumen entdecken wir Nachtfalter (nicht zu verwechseln mit Motten: Motten gehören zwar

Kleine Irrlichter in lauen Sommernächten: Glühwürmchen.

Igel suchen jetzt im nächtlichen Garten nach Würmern und Schnecken.

zu den Nachtfaltern aber längst nicht jeder Nachtfalter ist eine Motte!) Mit etwas Glück hören wir in der Hecke die Nachtigall ihr Lied schluchzen und wenn es am Boden raschelt und schnauft, dann zieht hier vermutlich gerade ein Igel seiner Wege. Bitte nicht stören – jetzt ist Jungen-Aufzuchtzeit!

Auch in der Stadt können wir auf nächtlichen Exkursionen Fuchs, Waschbär oder Steinmarder begegnen – längst haben diese Wildtiere unsere Städte als Lebensraum erobert.

Schleichen wie die Füchse

➡ Vorbereitung: Taschenlampe, ein Stückchen Wald (ein kleines Gehölz genügt schon)

Um die nächtlichen Geräusche in der Natur wahrnehmen zu können, verwandelt man sich kurzerhand in eine Fuchs-Familie, die den Wald erforscht: Ein großer Fuchs schleicht auf samtweichen Pfoten lautlos voran, gefolgt von den Fuchswelpen. Den Abschluss bildet wieder ein „Großfuchs". Natürlich sprechen Füchse dabei nicht und beim Schleichen meiden sie knackende Äste – sonst flüchten ja alle Tiere. Wer ein Geräusch wahrnimmt, zupft seinen Nachbarn am Ärmel – und alle bleiben stehen. Leise darf nun diskutiert werden: Woher kam das Geräusch? Was mag es gewesen sein? Mit der Taschenlampe versuchen wir, den Verursacher zu orten.

Düfte und Klänge

In der Dämmerung wirkt selbst der eigene Garten oder der vertraute Stadtpark vollkommen anders als bei Tageslicht. Zunächst fällt die Stille auf – sie ermöglicht es uns, ganz andere, feine Geräusche wahrzunehmen. Auch die meisten Farben sind vergraut, aber manche Blumen wie Nachtkerzen und Lichtnelken leuchten in der Dämmerung besonders intensiv und locken damit Nachtfalter (Seite 66) an. Es riecht jetzt auch ganz anders – die Luft ist frisch und feucht und manche Blüten wie

Bei Tage ruht der Mittlere Weinschwärmer oft reglos in Wiesen.

das Geißblatt verströmen jetzt besonders intensive Düfte. Lassen Sie Ihre Kinder erzählen, was sie wahrnehmen, wie sie sich jetzt an diesem Ort fühlen – was ist anders als am Tage?

Nachtbild

➡ Vorbereitung: Wachsmalkreiden mit Kratzer, weißer Zeichenkarton

Ihr Kind malt mit bunten Wachsmalkreiden ein Bild auf den Zeichenkarton – vielleicht sogar den Ort Ihrer Nachtwanderung? Anschließend wird alles mit Schwarz übermalt. Wie mit einer Taschenlampe kann man nun durch Abkratzen der schwarzen Farbschicht wieder Licht in sein Bild zaubern und die darunterliegenden Tiere und Blumen sichtbar machen.

WUSSTEN SIE SCHON??

Glühwürmchen-Piraterie

Jede Glühwürmchen-Art sendet ganz spezielle Blinksignale aus, zum Beispiel kurz-kurz-lang. So ist sichergestellt, dass trotz der Dunkelheit immer Männchen und Weibchen der richtigen Art zusammenfinden. Wie nun früher die Strandpiraten Schiffe mit falschen Leuchtfeuern zum Stranden brachten, machen es auch einige Glühwürmchen-Weibchen: Sie imitieren die Blinklichter einer fremden Art: Kommt das Männchen angeflogen wird es aufgefressen.

SPANNER, BÄR UND EULE...

Kleiner Kolibri

In warmen Sommern sieht man TAUBEN-SCHWÄNZCHEN nicht selten vor Balkonkästen flattern: Wie Kolibris stehen sie im sogenannten Schwirrflug vor den Blüten, um mit ihren Saugrüsseln Nektar zu trinken. Natürlich sind das keine Vögel, sie gehören zu den Nachtfaltern!

Gar nicht selten

Tagsüber hockt der MITTLERE WEINSCHWÄRMER in der Vegetation und verlässt sich auf seine Tarnung. Doch gerade hier fällt er Kindern wegen seiner pinken Flügel gar nicht selten auf. Erst in der Dämmerung fliegt er los, um Nektar zu tanken. Oft sieht man ihn an Nachtkerzen, in Gärten bevorzugt er Fuchsien.

Schnupperrekord

Das KLEINE NACHTPFAUENAUGE ist mit einer Spannweite von 8 cm viel kleiner als sein seltener Verwandter, das Wiener Nachtpfauenauge (14 cm!). Die Weibchen beider Arten senden so verführerische Düfte aus, dass die Männchen sie noch aus mehreren Kilometern Entfernung finden!

Bunte Raupen

Von der GRASGLUCKE finden wir regelmäßig die auffällig bunten Raupen auf ufernahen Gräsern: Über 7 cm groß kriechen sie auf ihren einzigen Fraßpflanzen. Vielen Vögeln schmecken die haarigen Raupen nicht – außer dem Kuckuck, vor dem müssen sie sich in Acht nehmen!

Mit Schreck-Effekt

Tagsüber sitzt der BRAUNE BÄR auf Baumrinde – hier ist er gut getarnt. Fühlt er sich entdeckt, zum Beispiel wenn man ihn mit den Fingerspitzen sanft antippt, spreizt er die Vorderflügel und präsentiert seine knallig roten Hinterflügel. Huch – schon ist er weg – wo ist er bloß gelandet?

Meister der Tarnung

Um den häufigen BIRKENSPANNER zu entdecken, braucht man schon sehr gute Augen! Wie ein Stück Rinde klebt er an Birkenstämmen und verlässt sich auf seine Tarnung. Seine Raupe kriecht mit Katzenbuckel „spannerartig" sehr flink vorwärts – und verlieh der Familie der „Spanner" ihren Namen.

Gezackt und häufig

Mit ihren gezackten Flügelrändern und der orangen Fleckenzeichnung ist die ZACKENEULE eine charakteristische Erscheinung. Sie ist häufig in Gärten und Parks anzutreffen, wird hier aber meist übersehen. Mit ihrem festen Saugrüssel kann sie sogar Brombeeren anzapfen und hier süße Säfte stibitzen.

Ringel-Raupen

Im Mai sind BLUTBÄREN mit ihren rotschwarzen Flügeln eine auffälliger Farbklecks auf Trockenwiesen – beim Hindurchstreifen scheucht man sie hier unweigerlich auf. Ab Juni findet man gebietsweise unzählige ihrer gelbschwarzen Ringelraupen auf Jakobskreuzkraut, einer beliebten Fraßpflanze.

Abenteuer „Kleine Nachtgespenster"

Fledermäuse haben es geschafft, von gefürchteten „Igitt-Tieren" zu geliebten Sorgenkindern der Natur werden. Dabei sind sie nicht nur überaus nützlich und absolut harmlos – Fledermäuse faszinieren auch durch ausgefeilte Ultraschall-Technik und extravagante Lebensart.

Lautlos, geheimnisvoll, nachtaktiv: Fledermäuse unterwegs.

Für Knut ist ein Sommerabend ein guter Sommerabend, wenn er mit Einbruch der Dämmerung mit seinem geliebten Fleder-

maus-Detektor auf „Fledermaus-Jagd" gehen darf. Konzentriert und still hält er das Mikrofon hoch in die Luft und da – es knattert, manchmal galoppiert es auch und endlich – da ist sie ja! Ist die riesig! Jetzt knattert es ganz rasch knapp über der Wasserfläche und er weiß genau: Das sind Wasserfledermäuse!

 ## Mit Fledermaus-Detektor unterwegs

→ Vorbereitung: Fledermaus-Detektor (unter www.planet-wissen.de Stichwort: Fledermäuse, Literatur & Co finden Sie empfehlenswerte Geräte) und Taschenlampe

Solche Fledermaus-Detektoren gibt es preisgünstig für Kinder und nach anfänglicher Skepsis mussten wir zugeben, dass sie tatsächlich gut zu gebrauchen sind. Was tun diese Detektoren überhaupt? Im Grunde machen sie für uns das hörbar, was unsere Ohren nicht wahrnehmen können – die Ultraschall-hohen Rufe der Fledermäuse. Der Detektor nimmt über ein Mikrofon die Rufe der fliegenden Säugetiere auf und gibt sie über einen Lautsprecher in hörbarer Form wieder.

Mit etwas Übung kann man die häufigeren Arten sogar anhand ihrer Rufe voneinander unterscheiden. Hilfreich ist es daher, wenn dem Detektor eine CD mit den Fledermaus-Rufen beiliegt. Wer nicht auf eigene Faust ins Dunkel der Nacht ziehen möchte sollte die Gelegenheit nutzen, sich mit den Kindern einer geführten Exkursion

WUSSTEN SIE SCHON??

Tricks der Räuber, Kniffe der Beute

Fledermäuse schreien einerseits zur Orientierung, andererseits aber auch zum Beutefang in der Dunkelheit. Trifft so ein Schrei auf ein Hindernis, zum Beispiel auf einen Nachtfalter, fängt sie das Echo mit ihren riesigen Ohren auf und weiß genau, wohin sie fliegen muss. Wissenschaftler nennen das „Echo-Ortung". Zack, schon hat sie den Falter mit ihren spitzen Zähnchen fest gepackt. Manche Nachtfalter aber können gut hören und kennen den Trick schon: Hören sie die hohen Rufe einer Fledermaus, lassen sie sich einfach schnell fallen! So sind sie für den Räuber nicht mehr auffindbar.

eines ortsansässigen Naturschutzvereins anzuschließen.

Welche Fledermaus flattert hier?

Eins vorweg: Von den rund zwanzig mitteleuropäischen Fledermaus-Arten saugt keine einzige Blut! Solche Vampir-Fledermäuse kommen in Mittel- und Südamerika vor, wo sie nachts tatsächlich kurzfristig Weidetiere „anzapfen". Unsere Fledermäuse sind allesamt harmlose Insektenfresser.

- Am einfachsten gelingt die Beobachtung von Zwergfledermäusen, das ist unsere häufigste Art. Mitten in unseren Städten sieht man sie in der Abenddämmerung im Schein der Laternen, aber auch an Gebüschen und Gewässern nach Mücken jagen. Dabei ist sie selbst (zusammengefaltet) so klein, dass sie in eine Streichholzschachtel passen würde.
- Hoch am Himmel zwischen den Baumkronen jagt oft der Große Abendsegler. Auch er fliegt schon vor Einbruch der Dunkelheit und so zeichnet sich seine dunkle Silhouette gut gegen den Abendhimmel ab. Mit seiner Spannweite von 40 cm ist er kaum zu übersehen.

Fledermäuse: Harmlos, nützlich und (wie unsere Kinder meinen) sehr niedlich.

- Erst bei völliger Dunkelheit kommen dann die Wasserfledermäuse aus ihren Verstecken: Sie lassen sich gut mit der Taschenlampe anleuchten, denn sie jagen immer ganz knapp über dem Wasser. In der Dunkelheit übersieht man sie leicht, doch im Detektor ist sie durch ihr typisches Knattern aufzuspüren!

Mit Fledermaus-Detektior auf Fledermaus-Lausch: Ein Abenteuer für die ganze Familie.

Projekt: Fledermaus-Geburtstag

1 ☆ Zwerg oder Langohr?

➡ Vorbereitung: eine Flasche mit aufgeklebter Papp-Fledermaus, ein Fledermaus-Stirnband (Foto 1) für jedes Kind und ein Spickzettel mit Notizen zu jeder Fledermaus-Art.

Ein schöner Auftakt zu jedem Kindergeburtstag ist die Begrüßungsrunde: Alle Kinder legen ihre Geschenke in einen großen Korb und bilden den Begrüßungskreis. Eine Flasche in der Mitte bekommt Fledermaus-Flügel aus Pappe aufgeklebt und wird zuerst vom Geburtstagskind gedreht. Auf wen die Fledermaus-Nase zeigt, der darf sein Geschenk aus dem Korb herausfischen und es dem Geburtstagskind überreichen.
Nach dem Auspacken verleihen Sie dem Kind jeweils feierlich ein Stirnband mit Fledermaus-Ohren und einem Fledermaus-namen wie „Zwergfledermaus", „Hufeisennase", „Abendsegler" oder „Langohr". Dazu erzählen Sie drei möglichst lustige oder unglaubliche Besonderheiten zu jeder Art: Zum Beispiel zur Wasserfledermaus „Du

kannst mit Deinem Schwanz kleine Fische aus dem Wasser keschern", zum Mausohr „Du wanderst im Herbst 1000 km weit" oder zum Langohr „Deine Ohren sind so groß, dass Du sie zum Schlafen faltest und unter die Arme steckst". Ermuntern Sie die Kinder, sich das gut einzuprägen, denn auf dem Fledermaus-Pfad werden Sie ihr Wissen noch gut brauchen können! Nun dreht das nächste Kind die Flasche, bis sich jeder in eine Fledermaus verwandelt hat.

2 ☆ Essen wie eine Fledermaus

➡ Vorbereitung: mehrere Schalen mit Wasser füllen, Nüsse und langstielige Löffel bereitstellen.

Fledermäuse müssen ihre Beute nur mit dem Mund greifen. Wie schwierig das ist, dürfen die Kinder selbst ausprobieren: Mit einem langstieligen Löffel im Mund sollen sie Nüsse aus einer wassergefüllten Schale herausfischen – natürlich ohne dabei die Hände zu benutzen.

3 **Fledermaus-Nachtfalter**

➜ Vorbereitung: eine Augenbinde für die „Fledermaus" und evt. ein schwarzer Umhang.

Dieses rasante und spannende Spiel nach Joseph Cornell muntert nach dem Essen die Geburtstagsgesellschaft wieder auf. Alle Kinder bilden einen Kreis, ein Kind in der Mitte ist die Fledermaus, sie bekommt die Augen verbunden. Zwei Kinder sind die Nachtfalter und gehen ebenfalls in den Kreis. Jedesmal, wenn nun die Fledermaus „Fledermaus! Fledermaus!" ruft, prallt dieser Ruf an den Nachtfaltern ab und diese rufen leise zurück „Nachtfalter, Nachtfalter!" – das ist das Echo. Die Fledermaus orientiert sich nur anhand der Rufe und versucht, die Nachtfalter einzufangen. Hat sie es geschafft, wird gewechselt. Wenn das zu schwierig ist, kann der Kreis kleiner gemacht werden.

4 **Die Fledermaus füttern**

➜ Vorbereitung: Fledermaus aus Pappkarton; aus weichen Bällen, Krepppapier und Paketklebeband gebastelte Nachtfalter (Foto 4).

Bei diesem Wurfspiel ist Geschicklichkeit gefragt: Wer schafft es, die Fledermaus mit möglichst vielen Nachtfaltern zu füttern? Aufgepasst: Vorher unbedingt ausprobie-ren, ob die Öffnung groß genug ist, um wirklich von den Kindern getroffen zu werden!

5 **Auf dem Fledermaus-Pfad**

➜ Vorbereitung: 10 Umschläge mit Anweisungen für die einzelnen Stationen, davon 9 in der Landschaft verteilen, den ersten bekommt das Geburtstagskind. Evtl. ein Picknick und ein „Schatz".

Der Fledermaus-Pfad führt die Kinder von Station zu Station durch Wald und Wiese, durch den Park oder wo immer die Kinder sich gefahrlos an frischer Luft bewegen können. An jedem Platz finden die Kinder einen Umschlag, in dem sie Anweisungen finden, was hier zu tun ist. Zum Beispiel: „Hier in der Nähe ist eine gute Baumhöhle – ideal für Fledermäuse – wer findet sie?" Oder: „Was macht das Mausohr im Winter?", „Was essen Fledermäuse am liebsten: Eis, Insekten oder Blut?" Wenn diese Aufgaben gelöst sind, dürfen die Kinder einen kleinen, zusammengefalteten Zettel aus dem Umschlag öffnen, der ihnen verrät, wohin der Fledermaus-Pfad sie nun führt. Die letzte Station der tüchtigen Fledermäuse ist ein versteckter Schatz, das muss nichts Großartiges sein (im Sommer beispielsweise eine saftige Wassermelone dekoriert mit Gänseblümchen).

Abenteuer Teich:
Auf Expedition am Wasser

Wenn Knut an den Badesee fährt, vergisst er vielleicht seine Badesachen – sicher aber nicht Kescher, Eimer und Taucherbrille – wer weiß, was es da unter Wasser alles zu sehen gibt? Entdecken auch Sie, wer sich an der „ganz normalen" Badestelle noch so tummelt!

Anfang Juni kommen wir kaum ans Teichufer, ohne dabei auf winzig kleine Erdkröten und Grasfrösche zu stoßen: Es ist „Froschregen-Zeit!" Früher glaubte man wohl wirklich, die kleinen Fröschlein würden mit dem warmen Sommerregen vom Himmel fallen.

Aus dem Laich, den wir Ende März entdeckt haben (Seite 29), sind fertige Frösche und Kröten geworden, die nun das Wasser verlassen. Nur die laut quakenden Teichfrösche (Seite 31) bleiben das ganze Jahr über im Wasser. Immer wieder flitzen schillernde Libellen (Seite 76–79) vorbei und unter Wasser schwimmen Millionen kleiner Pünktchen – das sind Wasserflöhe, von denen sich viele Kleintiere im Teich ernähren.

Kein Weg zu weit, kein Sumpf zu tief: Bewohner des Wassers ziehen Kinder magisch an.

Mit einfachsten Mitteln können Kinder einen Profi-Kescher bauen.

Seerosen-Zaubertrick

➔ Vorbereitung: Papier, Wachsmalkreiden, Schere

Die Kinder malen eine Seerose auf Papier, malen sie mit Wachsmalkreiden an und schneiden sie aus. Die Blütenblätter werden nach innen geknickt. Nun einfach die geschlossene Seerose auf das Wasser legen und beobachten, wie sie nach und nach ihre Blütenblätter entfaltet.

Richtig Keschern

➔ Vorbereitung: Kescher und Eimer, Becherlupe

Wo im flachen Uferbereich viele Wasserpflanzen wachsen, findet man die spannendsten Tiere: Hier leben die Larven von Libellen (Seite 76), Köcherfliegen (Seite 26) und Gelbrandkäfern (Seite 74). Außerdem lauern hier Wasserskorpion und Rückenschwimmer, die schmerzhaft stechen können (Seite 74). Im Wasser liegende Steine und Äste sind beliebte Schlupfwinkel für Schnecken und Wasserasseln (Seite 74 und 75). Eingegraben im Gewässergrund leben Teichmuscheln. Ihre leeren Schalen findet man auch häufiger am Ufer: Hier haben Bisamratte oder Fischotter sich bedient und die harten Schalen übriggelassen.

Kescher bauen

➔ Vorbereitung: großes Küchensieb, stabiler Stock, 2 Schlauchschellen, Schraubenzieher.

Gewässerökologen keschern mit sehr stabilen Drahtkeschern: Sie verheddern sich nicht zwischen Wasserpflanzen, sind robust und praktisch zu handhaben. So einen Kescher können wir mit einfachen Mitteln nachbauen: Das große, feinmaschigen Küchensieb mit Hilfe zweier Schlauchschellen an einem stabilen Stock befestigen und es kann losgehen!

Toller Trick: Wie durch Zauberhand öffnet die Seerose ihre Blütenblätter.

WUSSTEN SIE SCHON??

Das eigene Tümpelaquarium

Als Tümpelaquarium eignet sich ein einfaches Plastik-Terrarium aus dem Zoogeschäft (Seite 48), denn hier sind keine Filter, Beleuchtung oder andere technische Geräte nötig. Als Grund wird Kies eingefüllt, als Wasser ein Gemisch aus Teich- und Leitungswasser. Wichtig sind reichlich Unterwasserpflanzen aus dem Teich, sie sorgen für genügend Sauerstoff. Außerdem müssen im Wasser lebende Insektenlarven zur Verwandlung aus dem Wasser kriechen können: Deshalb immer längere Schilfhalme aus dem Wasser ragen lassen. Als Futter eignen sich gefrorene Wasserflöhe oder Mückenlarven aus dem Zoogeschäft. So kann man auch bei schlechtem Wetter das Teichleben beobachten.

Wichtig: Geschlüpfte Tiere sofort freilassen!

TIERE IM TEICH ...

Unterwasser-Räuber

Der **GELBRANDKÄFER** wird gut 3 cm groß – typisch sind die gelben Ränder an Flügeldecken und Halsschild. Seine Larve wird sogar bis zu 6 cm lang und ist außerordentlich gefräßig. Deshalb bitte Gelbrandkäfer-Larven nicht zusammen mit anderen Kleintieren im Tümpelaquarium halten.

Hinterhältig

Was an ihm gefährlich aussieht, ist für uns harmlos: Mit seinen Greifscheren erbeutet der **WASSERSKORPION** höchstens Kaulquappen und sein „Stachel" am Hinterende entpuppt sich bei genauerer Betrachtung als harmloser Schnorchel. Aber: Unter dem Bauch verbirgt er einen wirkungsvollen Stechrüssel!

Wasserbiene

Er kann nur rückenschwimmen: der **RÜCKEN-SCHWIMMER**. Schuld daran sind Luftpolster, die er am Bauch mit sich trägt und auffällig silbrig glitzern. Mit seinem an den Bauch geklappten Stechrüssel kann er auch Menschen schmerzhaft stechen – das brachte ihm den Namen „Wasserbiene" ein.

Genügsam und reinlich

WASSERASSELN sorgen dafür, dass sich am Teichgrund kein Abfall ansammelt. Pausenlos sind sie als eine Art Reinigungsdienst unterwegs, um verwesende Pflanzen- und Tierreste zu vertilgen. Dabei stellen sie keine Ansprüche an die Wasserqualität und können selbst in Pfützen überleben.

Die Kuh im Teich

Die 3,5 cm große POSTHORNSCHNECKE weidet – allerdings im Wasser. Hier raspelt sie mit ihrer rauen Zunge Algen von Wasserpflanzen. Deutlich zarter und nur gut 1,5 cm groß wird das Gehäuse der ähnlichen Tellerschnecke. Im Winter ziehen sich Wasserschnecken tief in ihre Häuser zurück.

Die an der Wasseroberfläche hängt

Die SPITZ-SCHLAMMSCHNECKE sieht man häufig an der Wasseroberfläche „hängen" – dabei weidet sie den darauf schwimmenden Film aus angewehtem Pollenstaub und Algen ab. Berührt man so eine Schnecke, stößt sie ihre Atemluft aus und lässt sich blitzschnell gen Teichboden sinken.

Fische als Taxi

Ihre winzigen Larven entlässt die TEICHMUSCHEL nur, wenn Fische in der Nähe sind: Mit kleinen Haken heften sich die Larven an deren Flossen fest und lassen sich in noch unbesiedelte Gegenden bringen. Die ausgewachsenen Muscheln haben dort eine wichtige Aufgabe – pausenlos filtern sie das Wasser.

Stechmücke

Ohne Wasser keine STECHMÜCKE – denn ihre Larven werden im Wasser groß. Kopfüber hängen sie an der Wasseroberfläche und stecken ihr Atemrohr aus dem Wasser heraus. Die meisten Stechmücken in Gärten schlüpfen übrigens nicht im Gartenteich, sondern in Regentonnen, wo ihre Fressfeinde fehlen.

Libellen: Fliegende Edelsteine am Wasser

Ein warmer Sommertag am Fluss – ein kleines Mädchen im Schlauchboot beobachtet fasziniert die blauen und gelben Libellen über dem glitzernden Wasser: „Schau, Papa – die Hochzeit der Libellen! Können die eigentlich stechen?" Die Antwort kommt zögernd: „Äh, nur manche."

Falsches Wissen über Tiere hält sich oft über Jahrhunderte. „Augenstecher" und „Teufelsnadel" nannte man Libellen früher und bis heute sind viele nicht so ganz sicher, ob da nicht doch etwas dran ist. Bedrohlich wirken sie schon allein aufgrund ihrer Größe; hinzu kommt, dass Libellen sich Badegästen oft bis auf wenige Zentimeter nähern und sich auch gerne auf nackter Haut sonnen. Keine Sorge: Sie stechen garantiert nicht! Libellen besitzen gar keinen Stachel.

Unglaublich, aber wahr: Libellenkinder („Larven") leben unter Wasser!

Libellenkinder auf Tauchgang

Als wir beim Keschern im Tümpel ein asselähnliches Wesen ans Tageslicht befördern und erklären, dass wir hier ein Libellenkind gefunden haben, sagt ein Kind uns klipp und klar ins Gesicht, das sei ja wohl gelogen. Es ist ja auch schier unglaublich, dass aus einem Wesen, das im schlammigen Teichgrund zu Hause ist und aussieht wie eine Mischung aus Fischlein und Assel eine so wunderbar fliegende, bunt schillernde Libelle werden soll!

Tatsächlich verbringen Libellen den Großteil ihres Lebens unter Wasser, manche sogar mehrere Jahre. Hier atmen sie wie die Fische durch Kiemen. Nur für wenige Wochen sausen sie später in schillernder Pracht über das Wasser.

So wird eine richtige Libelle draus

Eines schönen Morgens krabbelt die Libellenlarve an einem Pflanzenstängel aus dem Wasser. Sie klammert sich am Stängel fest und ihre Rückenhaut platzt auf. Aus dem Spalt zwängt sich die mächtige Libelle mit noch kurzen Stummelflügeln. Nach etwa zwanzig Minuten hat sich die Libelle zu ihrer vollen Größe entfaltet. Aber erst in ein paar Stunden ist sie ganz ausgehärtet und fliegt auf – und davon.

Libellenhochzeit

Jetzt sucht sie sich einen Partner. Die Libellenhochzeit findet oft im Flug statt und ist eine akrobatische Meisterleistung: Männchen und Weibchen bilden gemeinsam ein Herz, das sogenannte Paarungsrad. Nach der Paarung sieht man sie oft noch als sogenanntes Tandem (das Männchen hält das Weibchen immer noch fest) gemeinsam umherfliegen. Ihre Eier lassen Libellen entweder einfach ins Wasser fallen oder sie stechen sie sorgsam in Pflanzenstängel am Wasser ein. Daraus schlüpfen bald die noch winzig kleinen Larven.

Ein Sitzplatz für Libellen

Libellen sonnen sich für ihr Leben gern. Am liebsten auf dürren Halmen oder Ästen, die etwas aus der übrigen Vegetation

Aus einem Schlitz am Rücken schlüpft die fertige Libelle.

Fliegendes Herz: Libellen bei der Hochzeit.

herausragen. Wenn die Kinder den Libellen am Seeufer „besonders gute" Sitzwarten anbieten, die schön weit aus dem Pflanzengewirr herausragen, können sie die gelandeten Libellen aus nächster Nähe beobachten.

Auf Fotopirsch

➡ Vorbereitung: Fotoapparat mit Makrofunktion, Bestimmungsbuch für Libellen

Libellen landen oft nur für einen kurzen Moment – zu kurz, um sie wirklich identifizieren zu können. Aber dafür kehren sie gern auf ihre einmal gewählte Sitzwarte zurück. Das ist die Chance für geduldige, kleine Naturfotografen. Anhand eines Fotos lässt sich die Libelle im Nachhinein oft viel besser bestimmen, denn hier kann sie ja nicht mehr weg!

KLEIN- UND GROSSLIBELLEN ...

Feuerrot im April

Sie ist eine der allerersten Libellen im Frühjahr und bringt damit schon einen Hauch von Sommer mit: Die FRÜHE ADONISLIBELLE ist keine gute Fliegerin, meist ruht sie im Pflanzengewirr. Sie ist eine typische Kleinlibelle: Zart und dünn und mit weit auseinanderstehenden Augen.

Blass mit Federbeinchen

Die Männchen der FEDERLIBELLE sind wie viele Kleinlibellen hellblau, unterscheiden sich aber deutlich von den anderen Arten durch die besonders blasse Farbe. Von Nahem betrachtet fallen ihre Beine auf: Sie sind auffällig verbreitert und beborstet, was sie einer Vogelfeder ähnlich sehen lässt.

Schwarz mit blauem „Schlusslicht"

Ihr Hinterleib ist pechschwarz – mit Ausnahme des hellblauen, leuchtenden „Schlusslichtes". Daran ist die nur unbeholfen und langsam fliegende PECHLIBELLE leicht zu erkennen. Wie bei vielen anderen Kleinlibellen auch, sind die Weibchen viel blasser gefärbt – sie sind olivbraun bis düster rosa und viel unauffälliger.

Hufeisen oder Becher?

Typisch für AZURJUNGFERN ist ihre hellblaue Färbung mit schwarzen Abzeichen. Diese sind ganz unterschiedlich ausgebildet: Manche sehen aus wie Hufeisen, andere wie Becher oder Fledermäuse – danach werden die verschiedenen Arten auch benannt. Meist findet man mehrere Arten an einem Ort.

Typische Großlibelle

Die BLAUGRÜNE MOSAIKJUNGFER trifft man nicht nur am Gewässer, sie geht auch auf Waldwegen auf Insektenjagd. Mit einer Flügelspanne von 11 cm ist sie eine unserer größten Libellen. Wie für alle Großlibellen typisch, spreizt sie ihre vier Flügel in Ruheposition weit vom Körper ab.

Gelb – Blau – Platt!

Sie sind die Pioniere an neu angelegten Teichen: Beim PLATTBAUCH ist das Männchen blau bereift und das Weibchen ockergelb. Unverwechselbares Kennzeichen: Ihr breiter, „platter" Hinterleib. Mit einer Flügelspanne von 7–8 cm sind sie imposante Erscheinungen – und garantiert harmlos!

Rote Männchen

HEIDELIBELLEN sind die „Mittelklassewagen" unter den Libellen: Maximal 4 cm groß und dabei Gelb (Weibchen und junge Männchen) oder Rot (erwachsene Männchen). Ihre Larven entwickeln sich in nur 3 Wintermonaten soweit, dass im nächsten Frühjahr daraus die fertigen Libellen schlüpfen können.

Majestätisch!

Ihre Flugzeit beginnt erst im Juni: KÖNIGS-LIBELLEN sind ausdauernde Flieger, die sich nur selten absetzen. Das Männchen besetzt sein Revier am Uferrand. Hier patrouilliert es unablässig und vertreibt vehement jede andere Großlibelle. Manchmal kommt es dabei auch zu knisternden Libellenkämpfen.

Fliegende Blumenkinder

Wer erfand den Klettverschluss und den ersten Salzstreuer? Natürlich unsere Pflanzen! Ihr Einfallsreichtum, wenn es darum geht, ihren Nachwuchs in die Welt hinauszuschicken, ist unübertroffen. Schauen Sie doch einmal nach, was passiert, wenn die bunten Blütenblätter unserer Blumen fort sind!

Fallschirmchen und Flinke Springer

Was unsere Kinder gerne als „Pusteblume" in den Wind schicken, das sind bei näherer Betrachtung 100 bis 200 Löwenzahn-Kinder. Der Löwenzahn stattet jeden seiner Samen mit einem eigenen Fallschirmchen aus. Da-

Lästige Klette: Diese Früchte heften sich an Tierfell und Kleidung.

Fallschirmchen mit Sicherheitsleine: Löwenzahn-Kind kurz vor dem Abheben.

mit fliegen sie rund 10 km weit. Finden sie einen günstigen Landeplatz, keimen sie zu einem neuen Löwenzahn heran. Wie der Löwenzahn machen es auch Disteln und viele andere Blumen.

„Rühr-mich-nicht-an" – so wird das Springkraut mit seinen gelben trompetenähnlichen Blüten auch genannt. Seine Früchte hängen wie Gürkchen an der Pflanze. Wer sie berührt, bekommt zunächst einen Schreck: Diese Früchte explodieren und rollen sich blitzartig auf! Dabei werden die Samenkörner aus dem Inneren in hohem Bogen fortgeschleudert.

Salzstreuer und Klettverschluss

Der Mohn inspirierte im Jahr 1920 tatsächlich einen Wissenschaftler zur Erfindung des ersten Salzstreuers. Rund 20 000 Samen hält die Mohnkapsel in ihrem Inneren eingeschlossen. Streift ein Tier am klebrigen Mohnstängel vorbei, so bleibt dieser kurz am Fell haften, wird dann zurückgeschleudert – und streut eine Portion Samen aus. Es funktioniert aber auch ohne Tiere, zum Beispiel wenn ein starker Wind die Mohnkapsel schüttelt.

Die Klette fährt eine andere Strategie: Sie setzt sich hartnäckig mit etlichen Widerhaken am Tierfell oder in unserer Kleidung fest und kann auf diese Art weit transportiert werden. Genau dieser Mechanismus diente einem Schweizer Jäger in den 60er Jahren als Vorlage zur Erfindung des Klettverschlusses!

Unter der Schuhsohle lebt was!
Auch wir Menschen tragen ständig zur Ausbreitung von Samen bei. Der Beweis: Nach dem Spaziergang die Erde von der Schuhsohle in eine mit Watte gefüllte Schale kratzen und regelmäßig gießen. Was passiert?

Vom Samenkorn zum Pfannkuchen

➡ Vorbereitung: 1 Strauß Weizenähren (Bauern fragen), Kaffeemühle, Sieb, 1 Ei, etwa 250 ml Milch, 1TL Salz, Kelle, Speiseöl, Pfanne, Marmelade

Weizenkörner aus den Ähren lösen und in der Kaffeemühle zu Mehl vermahlen. Das Mehl mit der Milch, dem Ei und dem Salz zum Pfannkuchenteig verrühren. Etwas Öl in die Pfanne geben, eine Schöpfkelle voll Teig hinzu und den Pfannkuchen von beiden Seiten goldgelb backen. Mit Marmelade bestreichen.

Flieger, Kleber, oder...
➡ Vorbereitung: mehrere Briefumschläge

Lassen Sie die Kinder beim Spaziergang am Wegrand nach Pflanzen suchen, die bereits Samen ausgebildet haben. Worin bewahrt die Pflanze ihre Samen auf? Wie werden diese Samen verbreitet? Können sie fliegen? Kleben sie an der Kleidung fest oder rie-

Den allerersten Pfefferstreuer erfand der Mohn. Er streut seine Samen portionsweise aus.

seln sie einfach zu Boden? Stecken Sie die Samen in Briefumschläge, so können die Kinder nach der winterlichen Keimruhe ihre Samen auf der Fensterbank in Blumentöpfen aussäen und das faszinierende Wunder erleben, wie aus einem winzigen Samenkorn tatsächlich eine ganze, neue Pflanze heranwächst.

WUSSTEN SIE SCHON??

Transportmittel Tier

Ein besonders raffinierter Trick: Viele Pflanzen packen ihre Samen in leckere und bunte Früchte ein (Seite 86–91). Damit wollen sie Tiere anlocken, die ihre Samen ausbreiten. Aber was nützt es dem Samen, wenn er gefressen wurde? Diese Samen, die im Inneren von Früchten liegen, haben eine besonders harte Hülle. Sie passieren den Verdauungstrakt der Tiere, ohne dabei kaputtzugehen. Wo das Tier sie Stunden oder Tage später wieder (inklusive Dünger!) ausscheidet, wächst eine neue Pflanze heran. Oft sind diese Tochterpflanzen kilometerweit von der Mutterpflanze entfernt.

Trockenmauern:
Steine, Blumen, bunte Echsen

Welche Faszination eine Steinmauer auf Kinder ausübt, entdeckten wir im Urlaub am Mittelmeer: Statt zu Planschen, hockte Frederike vor einer der unzähligen Steinmauern – sie wartete auf „ihre" Eidechse, die regelmäßig zurückkam, um sich zu sonnen. Zum Schluss ließ das Tier sich sogar streicheln.

Solche geschichteten Mauern mit unzähligen Spalten und Ritzen sind eine ganze Wunderwelt für sich – hier lässt sich das ganze Jahr über etwas beobachten: Die größeren Spalten bewohnen Eidechsen, denn hier finden sie direkt hinter ihrer „Sonnenterasse" gute Verstecke vor hungrigen Jägern. Daneben lassen sich Mauer- und Pelzbienen beobachten, die fleißig Lehmklümpchen herbeischaffen, um wie die Schwalben ihre Lehmnester an die sonnenerwärmten Steine zu kleben. Kröten und Frösche nutzen die kühlen Hohlräume als Tagesunterschlupf, unter überhängenden Steinen finden wir Ansammlungen von Marienkäfern oder bunten Schneckenhäusern. Auf duftenden Thymianpolstern tummeln sich Bläulinge und Zebra-Springspinnen. Sie alle profitieren davon, dass Steine das Sonnenlicht tanken und nach und nach an ihre Umgebung abstrahlen.

Ein Biotop am Wegesrand: Trockenmauern bieten vielen Blumen und Tieren Unterschlupf.

Pappmaché auf Steinen: So entstehen fröhliche Eidechsen.

Kinder-Kräuterschnecke

➡ Vorbereitung: kleine Schubkarre, Schaufel, Erde und Sand, Steine, Kräuter

Die Kinder dürfen aus einem Gemisch aus Erde und Sand eine Schnecke mit Schneckenhaus formen. Die Umrisse legen sie mit Steinen, ebenso die Windungen ihres Schneckenhauses. Zwischen die Steine pflanzen sie Kräuter wie Thymian, Lavendel und Salbei. Ganz oben auf das Schneckenhaus passt am besten Mauerpfeffer – er kommt mit der Trockenheit gut zurecht.

Bunte Eidechsen

➡ Vorbereitung: großflächige Steine, Maschendraht-Reste, Papierschnipsel, Kleister, Wasser, Schüssel, Küchenmesser, Wasserfarben

Diese Eidechsen sonnen sich auf Steinen – und huschen garantiert nicht weg, denn sie sind aus Pappmaché gemacht. Aus Papierschnipseln und Kleister einen dicken Brei mischen. Aus dem Maschendraht den Eidechsen-Körper formen, auf den Stein legen und mit dem Pappmaché-Brei bestreichen. Zehen und Mund mit dem Messer einkerben. Nach etwa 1 Woche Trocknungszeit bemalen.

Steinwall, Spirale, Steinecke

➡ Vorbereitung: viele Steine unterschiedlicher Größen, evt. Erde oder Lehm und Sand

Für eine schöne Lesesteinecke im Hinterhof, Garten oder im Kindergarten ist praktisch überall Platz und sie macht nicht viel Arbeit. Nach Lust und Zeit schichten Sie die Steine zum Wall, zur kunstvollen Mauer, als Beetbegrenzung oder zur Kräuterspirale auf. Egal, in welcher Form Sie die Steine legen – einen abwechslungsreichen Lebensraum schaffen Sie damit allemal.

Diese Blumen lieben Steine

Viele Gartenpflanzen brauchen feuchte nährstoffreiche Böden zum Gedeihen – diese hier nicht. Sie entfalten ihre aromatische Pracht besonders auf mageren Böden und in sonniger Lage zwischen Steinen. Zu ihnen zählen verschiedenste Kräuter wie Lavendel, Dost, Bergbohnenkraut, Ysop und Thymian. Dazwischen passen Polster von Mauerpfeffer, Hauswurz und Duftnelken. In schattigen Mauern fühlen sich Mauerraute und Braunstieliger Streifenfarn wohl. Damit aber noch genügend Tiere Unterschlupf finden, sollte nicht jede Fuge bepflanzt werden. Unter lose geschichteten Steinen mit großen Lücken verbringen Erdkröten den Winter.

WUSSTEN SIE SCHON??

Kinder und Steine

Steine mit ihren unterschiedlichen Formen, Größen und Strukturen sind für Kinder ein unverzichtbares Spielmaterial. Stellen Sie Ihren Kindern einen simplen Haufen Steine verschiedener Größen zur Verfügung, am besten mit einem Haufen Sand: Kleine und große Mauern, Türme, Schuppen, Garagen und Straßennetze – es gibt fast nichts, was man mit Steinen nicht bauen könnte. Die Größe der Steine richtet sich nach dem Alter der Kinder.
Als Regel gilt hier: Die größten Steine müssen vom Kind noch mühe- und gefahrlos spielend transportiert werden können.

HERBST

Wildfrüchte-Küche

Wenn die Vogelbeeren an den Ebereschen reif sind, geht der Sommer
unweigerlich zu Ende (Seite 10/11). Mit etwas Wehmut sehen wir viele Blüten
dahinwelken, dabei verwandeln sie sich doch nur in feine Früchte, die unsere
Augen aber auch den Gaumen erfreuen!

Vogelfutter sammeln

➡ Vorbereitung: Leinenbeutel,
Papiertüten und Gefrierbeutel

Im August beginnt die Sammelzeit für unser
Winter-Vogelfutter, denn jetzt sind schon
die Vogelbeeren (Seite 88) reif und auf den
Wiesen finden wir Samen von Gräsern, Disteln und anderen Kräutern. Ab jetzt findet
bei uns kaum ein Spaziergang ohne Leinenbeutel statt, denn nach und nach reifen
Weißdornbeeren, Holunder, Hagebutten,
Haselnüsse und Schlehen heran (Seite 88
und 89), Delikatessen, über die sich unsere
Vögel im Winter riesig freuen werden.
Die Beeren frieren wir in Gefrierbeuteln ein,
trockene Samen bewahren wir in Papiertüten auf. Unser Rezept für selbst zubereitetes
Winter-Vogelfutter, Meisenkekse und schöne

**Macht schlau: ein Früchte-Memory aus selbst
gesammelten Herbstfrüchten.**

Herbstzeit ist Sammelzeit: Die Weißdornbeeren trocknen wir für die Vögel im Winter.

Ideen zum Aufhängen finden Sie auf den Seiten 88 und 89.

 Natürliche Fruchtgummis

➜ Vorbereitung: 100 g frische Früchte (Holunder, Schlehe, Himbeeren …), 1 Teelöffel Zitronensaft, 1 Esslöffel Zucker, 1 gehäuften Teelöffel Stärke, 1 gehäuften Teelöffel pflanzliches Geliermittel (wie Apfelpektin aus dem Reformhaus)

Früchte waschen, mit der Gabel zerdrücken und durch ein feines Sieb in einen kleinen Topf streichen. Zitronensaft, Zucker, Stärke und Geliermittel zugeben und gut vermischen. Die Mischung unter ständigem Rühren zwei Minuten kochen. Den heißen Brei in einem flachen Schüsselchen abkühlen lassen und in kleine Stücke schneiden.

Tipp: Bereiten Sie gleichzeitig Fruchtgummis aus verschiedenen Früchten zu – so können die Kinder die Geschmäcker miteinander vergleichen.

Holunder-Kinderpunsch

➜ Vorbereitung: 1 kleiner Eimer selbst gepflückter Holunderbeeren (Seite 89), 1 Glas Wasser, 3 Esslöffel Zucker, 1 Glas Apfelsaft, Saft einer halben Zitrone

Selbst Knut, der ein sehr kritischer Esser ist, liebt diesen köstlichen und vitaminreichen

Kinderpunsch. Vielleicht liegt es daran, dass er die Früchte nicht nur selber ernten, sondern den Punsch auch selbst zubereiten darf.

Zuerst die Beeren von den Stielen zupfen, mit dem Wasser und dem Zucker im Topf erhitzen und kurz aufkochen lassen. Zum Schluss den Apfelsaft und den Zitronensaft zugeben. Durch ein Sieb in Tassen füllen und so heiß wie möglich trinken – das vertreibt jede Erkältung.

Nussnougatcreme selbst gemacht

➜ Vorbereitung: 125 g Haselnüsse (am besten selbst gesammelte), 25 g Kakao, 25 ml Sonnenblumenöl, 50 g Honig, 100 ml Sahne, 2 Schalen, Küchenmaschine oder Handreibe

Fast alle Kinder lieben den nussig-schokoladigen Brotaufstrich – die meisten Eltern nicht. Dabei wächst die Hauptzutat ganz gesund und natürlich am Haselstrauch. Also selbst ernten und zubereiten:

Zuerst die Haselnüsse fein reiben. Schnell geht das in der Küchenmaschine, mit der Handreibe dauert es etwas länger. Die geriebenen Nüsse mit dem Kakao in einer Schale gut vermischen. In einer Rührschüssel das Öl mit der Sahne und dem Honig zu einer cremigen Masse verrühren.

WUSSTEN SIE SCHON??

Früchte schnell gemerkt

Vorbereitung: mindestens 8 halbierte, in etwa 10 cm lange Stücke geschnittene Papprollen, Holzleim „express" und verschiedene gesammelte Früchte (Seite 90 und 91)

Die Kinder kleben je eine Frucht mit dazugehörigem Blatt in eine halbierte Papprolle. Jede Frucht muss für das Früchte-Memory natürlich doppelt vorhanden sein. Ist der Leim getrocknet, kann das Spiel beginnen: Alle Pappen werden umgedreht und die Spieler suchen wie beim herkömmlichen Memory nach Pärchen.

Tipp: Das erhöht den Schwierigkeitsgrad und steigert den Lerneffekt: Beim Umdrehen muss immer der Name der Frucht oder des Strauchs genannt werden.

FRÜCHTE ...

Viel Vitamin C

Vor den angeblich so giftigen VOGELBEEREN der Eberesche warnte man uns Kinder – dabei sind Vogelbeeren, roh genossen, nicht giftiger als rohe Holunderbeeren. Gekocht als Marmelade (lecker mit Apfelsaft statt Wasser) ergeben die erbsengroßen „Orangen" eine Vitamin-C-haltige Delikatesse.

Nicht ohne Frost

Probieren Sie einmal eine SCHLEHE direkt vom Strauch. Der Geschmack zieht einem den Mund zusammen, es ist abscheulich. Denn Schlehen dürfen erst nach den ersten Frösten geerntet werden. Damit uns die Vögel nicht zuvorkommen, pflücken wir sie vorher und frieren sie kurzfristig ein.

Gut als Vogelfutter

WEISSDORN-BEEREN sind erbsengroß, rot und haben wenig saftiges Fruchtfleisch. Da sie oft in großen Mengen und auch recht niedrig am Strauch hängen, sind sie sehr gut geeignet, sie als Vogelfutter zu sammeln. Sie können entweder eingefroren oder auch auf der Fensterbank getrocknet werden.

Frucht der Wildrose

Aus HAGEBUTTEN lassen sich schmackhafte Tees und Marmeladen bereiten, doch müssen dazu vorher die Kerne entfernt werden. Eine mühsame Angelegenheit, weshalb wir Hagebutten zwar gerne pflücken (besser geht es mit einer Schere), sie aber lieber als Vogelfutter-Wintervorrat einfrieren.

... ERKENNEN

Hier wächst Punsch

HOLUNDERBEEREN enthalten viel Kalium und Vitamin C und ergeben einen köstlichen Punsch. Sie dürfen aber erst geerntet werden, wenn sie ganz dunkelviolett sind. Und bitte nicht roh verzehren – Holunderbeeren enthalten das schwache Gift Sambucin, das erst beim Erhitzen zerstört wird.

Begehrt und schnell weg

HASELNÜSSE sind ein ideales „Winterfutter" – sie enthalten 60 % Fett und rund 20 % Eiweiß. So sind unsere Haelsträucher auch fix abgeerntet, von Eichhörnchen, Siebenschläfer, Waldmaus, Haselmaus und dem Eichelhäher. Gekaufte Nüsse stammen von der südeuropäischen Lambertshasel.

Dreikantige Nüsse

BUCHECKERN sind gleich doppelt verpackt: außen mit ihrer struppigen Kapsel und innen schützt noch mal eine glänzend braune Schale den Kern. Roh genossen sind Bucheckern in größeren Mengen schwach giftig, leicht angeröstet verlieren sich die Giftstoffe und schmecken schön nussig.

Vollherbst

Fallen die **EICHELN** und Bucheckern vom Baum, ist nach dem Phänologischen Kalender (Seite 10/11) Vollherbst. Jetzt verlassen uns die letzten Zugvögel, unsere heimischen Wildtiere füllen ihre Vorratskammern für den Winter oder richten sich auf einen langen Winterschlaf ein.

Natur-Werkstatt:
Kunst und Seife aus Kastanien

Aberhunderte glänzender Früchte entlassen die Kastanienbäume jetzt wieder aus ihren stacheligen, grünen Hüllen. Der Verlockung sie aufzusammeln kann kaum einer widerstehen und Kinder schon gar nicht. Wir zeigen Ihnen, was Sie aus Ihren Schätzen machen können – vom Kunstobjekt bis zur Kastanienseife.

Aufgefädelt ...

Herbstliche Girlanden aus Kastanien können den Hauseingang umrahmen, als Girlande den Garten schmücken oder als Kette den Hals zieren. Dafür müssen alle Früchte zunächst mit Hand- oder Akku-bohrer durchbohrt werden. Kindern sollte dabei unbedingt geholfen werden, denn der

Haltbare Formen erhalten Sie, wenn Sie die Früchte auf Draht fädeln.

WUSSTEN SIE SCHON??

Seife aus Kastanien

Kastanien sind nicht nur schön und fühlen sich sehr angenehm an, sie sind auch chemisch interessant! In Kastanien stecken sogenannte „Saponine": Das sind waschaktive Stoffe, die auch in Seifen enthalten sind und mit Wasser schäumen. Die Kastanie schützt damit ihre nährstoffreiche Frucht vor Pilzangriffen – wer beißt schon gern in Seife? Seife aus Kastanien ist ganz einfach selbst herzustellen und macht die Haut angenehm weich. Man braucht nur eine Handvoll Kastanien, einen Nuss-knacker, zwei große leere Gläser, einen Liter Wasser sowie Messer, Holzbrettchen und Sieb.

Die Kastanien mit dem Nussknacker knacken und die braune, harte Schale entfernen. Mit dem Messer das helle Innere der Kastanien zerkleinern und in das Glas geben. Wasser hinzu geben, das Glas schütteln und 2–3 Tage warten bis sich die Saponine aus den Kastanien gelöst haben. Nun wird alles durch das Sieb ins zweite Glas passiert – fertig ist die Flüssigseife! Sie kann zum Händewaschen und sogar zum Wäschewaschen benutzt werden. Wer Düfte mag gibt noch einige Tropfen eines ätherischen Öls wie Lavendel, Orange oder Melisse hinzu.

Bohrer rutscht leicht von der glatten Kasta-nie ab (immer am hellen Fleck der Kastanie ansetzen).

Um die erste Kastanie wickelt man den Draht ganz herum, danach werden alle Schätze der Reihe nach auf Blumendraht aufgefädelt. Auch um die letzte Frucht wird der Draht ganz herumgewickelt, damit nichts herunterrutscht.

Tipp: Auf die Kette können natürlich auch andere Früchte wie Hagebutten oder Eicheln aufgefädelt werden. Auch Herbstblätter, Rindenstückchen und Federn sehen sehr schön aus.

... und in Form gebracht

Je stabiler der Draht, umso leichter lässt sich die Kastanienkette in eine bestimmte Form biegen: als Quader, in Form eines Herzens oder als Spirale – es gibt unzählige Möglich-

Erst bohren, dann fädeln: Zu Zweit geht es am Besten.

keiten. Damit die Form auch wirklich hält, sollte der Draht eine Stärke von 2–3 mm aufweisen.

Kastanien-Mandala

Mandalas sind Kreisbilder, in denen regelmäßige geometrische Muster gemalt oder gelegt werden. Mandalas fördern die Phantasie und haben mit ihren wiederkehrenden Mustern eine sehr beruhigende Wirkung auf Kinder, insbesondere dann, wenn sie von außen nach innen ausgemalt oder gelegt werden.

Ganz ohne Werkzeug oder andere Hilfsmittel können spontan phantasievolle Mandalas aus Kastanien und anderen Herbstschätzen entstehen. Mit nach Hause nehmen können Sie dieses Mandala nicht, aber vielleicht den nächsten Spaziergängern damit eine überraschende Freude bereiten oder ein Foto machen.

Sinnliches Bällebad

➜ Vorbereitung: ganz viele Kastanien, Handkarren und Kinder-Planschbecken

In vielen Kinder-Tagesstätten finden sich Bällebäder, in denen kleinere Kinder nach Herzenslust herumtollen dürfen. Befüllen Sie das Bällebad im Herbst zur Abwechslung einmal mit Kastanien und lassen die Kinder darin herum rollen. Das ist eine wunderbare Massage für den ganzen Körper.

Kunst für den Augenblick – und Überraschung für den nächsten Spaziergänger.

GIFTIGE FRÜCHTE ...

Augen auf im Garten!

Die giftigsten Früchte finden Kinder leider allzu häufig da, wo sie angeblich ungefährdet spielen können. So ist der KIRSCHLORBEER wegen seiner dekorativen, immergrünen Blätter eine beliebte Gartenpflanze. Alles an ihm, besonders aber Blätter und Früchte, sind giftig und keinesfalls zum Spielen geeignet.

Oft unterschätzt

Die unsinnige Tradition, Kinder zum Muttertag MAIGLÖCKCHEN rupfen zu lassen, sollte schleunigst abgeschafft werden. Denn die gesamte Pflanze, besonders aber die Blüten und Früchte, sind stark giftig! Über vierzig herzwirksame Glykoside hat man bislang in dem hübschen Pflänzchen gefunden.

Gehört nicht in Kinderhände

Die schöne, immergrüne EIBE wächst ursprünglich wild im Unterwuchs unserer Wälder, wird aber auch häufig auf Friedhöfe und als Sichtschutz in Gärten gepflanzt. Die Kerne ihrer roten Früchte sind – wie auch Nadeln und Holz – sehr giftig. Eiben sind nicht für Basteleien zur Adventszeit geeignet

Giftige Schönheit

So schön er blüht – der GOLDREGEN gehört nicht in Anlagen, in denen kleine Kinder spielen, denn alles an ihm, ob Blüten oder Samen ist verlockend – und stark giftig. So sind seine bohnenartigen Schoten beliebt bei kleineren Kindern, die gern in der Sandkiste damit „kochen".

... ERKENNEN

„Knallerbsen"
SCHNEEBEEREN werden gern als Heckenbegrenzung in Siedlungen gepflanzt. Kinder lieben es, ihre schneeweißen Beeren („Knallerbsen") zerplatzen zu lassen. Aber: Die Beeren enthalten giftige hautreizende Stoffe! Also nur unter der Schuhsohle knallen lassen und gleich die Hände waschen!

Verlockend am Waldboden
Genau in Kinderhöhe reifen am Waldboden die verlockend roten Früchte des ARONSTABS, die besonders gern von Kindern gepflückt werden. Tückisch: Sie sind zwar giftig, schmecken aber zunächst gut. Erst nach dem Verzehr fängt der Mund an zu brennen und der Bauch tut weh. Unbedingt einen Arzt aufsuchen!

Pink – Orange – Gift
Kleine Mädchen lieben sie – die Früchte der PFAFFENHÜTCHEN sind aber auch wirklich umwerfend schön. Aber Vorsicht: Nur zwei Früchte können bei einem siebenjährigen Kind bereits schwere Vergiftungserscheinungen hervorrufen, die zum Teil erst nach Stunden bemerkbar werden.

Giftige Kirschen
Ab August wachsen am Waldboden die kirschgroßen Beeren der TOLLKIRSCHE heran. Sie erinnern tatsächlich an Kirschen und wachsen in Kinder-„Sammelhöhe". Schon der Verzehr weniger Früchte ruft bei Kindern ernsthafte Vergiftungen hervor und bedarf ärztlicher Behandlung.

Unsere Säugetiere im Herbst

Wenn Hase, Fledermaus, Fuchs und Reh den Sommer über ihre Jungen groß gezogen haben, wartet schon die nächste Herausforderung auf sie und alle anderen Säugetiere: den kargen Winter überleben. Also müssen sie jetzt im Herbst Vorbereitungen für die kalte Jahreszeit treffen.

Wie alle heimischen Lebewesen haben auch die Säugetiere verschiedenste Strategien entwickelt, heil durch die unwirtlichste aller Jahreszeiten zu kommen.

Im tiefen Dornröschenschlaf

Für manche Säugetiere wie Fledermaus (Seite 68 und 69), Igel (Seite 96 und 97) und Siebenschläfer gibt es im Winter nichts mehr zu fressen. So tun sie das einzig Richtige: Sie suchen sich ein frostfreies Versteck und fallen in einen tiefen Dornröschenschlaf. Der dauert zwar nicht hundert Jahre, aber immerhin bis zu sieben Monate.

Eine so lange Zeit ohne Nahrung, das hält nur durch, wer seinen Stoffwechsel drastisch herunterfahren kann. So liegen echte Winterschläfer da wie tot – kalt fühlen

Eindrucksvoll: Röhrend und stampfend machen jetzt die männlichen Rothirsche auf sich aufmerksam.

sie sich an, ihr Herz schlägt kaum noch und man spürt fast keinen Atemzug mehr. Sie leben jetzt nur von den Fettreserven, die sie sich im Herbst angefressen haben. Sobald es im Frühjahr wieder warm wird, werden sie wie durch ein Wunder wieder erweckt und sind innerhalb weniger Stunden wieder putzmunter.

Ein Nickerchen hier und da

Das Eichhörnchen (Seite 96) sorgt anders für sein Überleben: Es buddelt sich im Herbst etliche Vorratskammern, die es mit Nüssen, Eicheln und anderen Leckereien vollstopft. So findet es im Winter auch noch genug Nahrung. Wird es ihm zu ungemüt-

WUSSTEN SIE SCHON??

Hirschbrunft erleben

Dieses Schauspiel sollten Sie sich nicht entgehen lassen: Ab Mitte September buhlen die Rothirsche (Seite 97) mit ihren mächtigen Geweihen laut röhrend und stampfend um die Weibchen. Dies in freier Natur zu beobachten, dürfte eher die Ausnahme sein – in guten Wildparks mit entsprechend großen Gehegen, eingebettet in die natürliche Landschaft wie im schleswig-holsteinischen Wildpark Eekholt ist es aber nicht weniger sehenswert! Wo Sie den nächsten Wildpark mit röhrenden Hirschen finden, erfahren Sie mit wenigen Mausklicks unter www.zoo-infos.de.

lich, hält es zwischendurch auch ein län-
geres Schläfchen in seinem Nest im Baum.
Auch dem Dachs (Seite 96) genügen längere
Schlafphasen in seinem Erdbau. Diese Tiere
nennt man im Unterschied zu den echten
Winterschläfern Winterruher.

Immer auf Achse

Wer den ganzen Winter über aktiv ist, wie
Fuchs, Reh und Hase (Seite 96 und 97),
der muss sich wenigstens durch ein dichtes,
warmes Winterfell schützen – und mit kar-
ger Kost Vorlieb nehmen. Die Spuren dieser
Tiere sind oft in frisch verschneiten Land-
schaften zu entdecken (Seite 116–119).

Wo schläft der Dachs?

Ist das Laub von den Bäumen gefal-
len, wird es wieder hell im Wald und bei
Streifzügen abseits ausgetretener Pfade
stößt man auf geheimnisvolle Höhlenein-
gänge. Wer wohnt hier? Schnuppern Sie
mal am Eingang: Wo der Fuchs wohnt, da
stinkt es fürchterlich – im Dachsbau nicht.
Der Dachs baut außerdem immer eine typische „Rutsche im Eingangsbereich. Darunter durchzieht ein Labyrinth von Röhren
und Räumen („Wohn-Kesseln") den Wald.

Solche riesigen „Dachsburgen" werden
über viele Generationen von den Tieren

Dieser wohlgenährte Igel ist auf der Suche nach einem
geeigneten Winterquartier.

genutzt, manche über Jahrhunderte. Suchen
Sie mal die Gegend rings um den Eingang
ab: Hier finden sich etliche Dachspfade –
und viele weitere Ein- und Ausgänge!

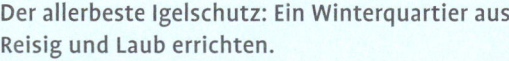

Der allerbeste Igelschutz: Ein Winterquartier aus
Reisig und Laub errichten.

Igeln helfen

→ Vorbereitung: Holzpalette, Laub,
Moos, Reisig, Äste

Igeln hilft man am besten indem man ihnen
ein gutes Versteck für den Winter baut.
Dies ist auch ein schönes und einfach zu
realisierendes Projekt für Kindergärten und
Schulen.

In einer geschützten Ecke trockenes
Laub, Moos, Reisig und Äste zu einem
großen Hügel übereinander schichten. Als
„Unterbau" ist eine einfache Holzpalette gut
geeignet.

Igel gefunden? Tipps und Hinweise
finden Sie auf www.igelhilfe.de.

SÄUGETIERE ...

Kleine Stachelkugel

Unser **IGEL** frisst sich im Herbst dick und rund. Dann rollt er sich unter einem frostsicheren Haufen aus Laub und Reisig zur Kugel zusammen und schläft bis der Frühling Einzug hält. Bitte holen Sie keine Igel über Winter ins Haus. Die meisten dieser Tiere überleben das nicht! Mehr Infos unter www.igelhilfe.de.

Eine Schale mit Nüssen ...

... und auch das Vogelfutter-Häuschen locken nicht selten **EICHHÖRNCHEN** in menschliche Nähe. Umso öfter, je mehr Schnee im Winter fällt. Unter einer geschlossenen Schneedecke ist es für die Tiere gar nicht so einfach, ihre vergrabenen Wintervorräte wieder zu finden. Stellen Sie doch Nüsse bereit.

Unterirdisch unterwegs

Der **DACHS** verbringt den größten Teil seines Lebens unter der Erde. Hier gräbt er sich ein geräumiges Haus, das wegen seiner zahlreichen Gänge und Höhlen auch als „Burg" bezeichnet wird. Der Dachs lebt sehr heimlich und ist nachtaktiv – so bekommt man ihn so gut wie nie zu Gesicht.

Kleiner Autoknacker

Sein schneeweißes Lätzchen verrät den drolligen **STEINMARDER**. Seine Neugier und Verspieltheit hat ihm einen schlechten Ruf als „Kabelbeißer" in parkenden Autos eingebracht. Auch sonst hält er sich gern an menschlichen Behausungen auf – hier gibt es meist etwas Leckeres.

... ERKENNEN

Aufwändiger Kopfschmuck

Der ROTHIRSCH ist unser größtes frei lebendes Säugetier: Das Männchen bringt über 200 kg auf die Waage. Bis zum zwölften Lebensjahr wächst ihm jedes Jahr ein noch größeres Geweih – es kann schließlich bis zu 20 Enden ausbilden und über 10 kg wiegen. Alles nur zum Imponieren!

Winterpelz

REHE verändern sich im Herbst auffallend: Ein deutlicher Haarwechsel vom rotbraunen Sommerfell zum graubraunen dicken Winterfell findet statt. Außerdem wirft der Rehbock sein Geweih ab – und sofort beginnt ein Neues zu sprießen. Die Nahrung ist ab jetzt vor allem Baumrinde.

Große Löffel

Der FELDHASE wird oft mit dem Kaninchen verwechselt, obwohl er deutlich größere Ohren („Löffel") hat. Anders als Kaninchen buddeln Hasen auch keine Baue, sondern ducken sich nur in kleine Kuhlen („Sassen"). In der verschneiten Landschaft trifft man oft auf ihre Spuren (Seite 118).

Auch bei Tage

Normalerweise verschlafen FÜCHSE den Tag in Deckung. Doch im Winter treibt der Hunger den Fuchs auch oft noch am Vormittag zur Jagd, sodass man ihn häufiger zu Gesicht bekommt. Seine Hauptnahrung sind Feldmäuse, die ihre Gänge schlauerweise unter der Schneedecke anlegen.

Das Element Erde erleben

Die Erde, auf der wir laufen, in der Bäume und Blumen wachsen und auf der unsere Häuser stehen, hat viele Gesichter: Am Meeresstrand rieselt sie als feiner, weißer Sand durch Kinderhände, im Wald beherbergt eine Handvoll schwarzer Humus reiches Leben und aus rötlichem Lehm bauen Mensch und Tiere Häuser.

Egal, wo wir unterwegs sind – ob am Meeresstrand, in den Bergen oder auf Reisen – wir haben es uns zur Angewohnheit gemacht, von vielen Orten eine Tüte voll Erde, Lehm oder Sand mitzubringen. Wenn Sie Ihre Augen erst einmal für die vielen, farbigen Gesichter der Erde geöffnet haben, wird auch Sie und Ihre Kinder vielleicht das „Erdfieber" packen. Inzwischen haben wir eine ganze Sammlung wunderbarer Erdtöne – von cremeweiß über ocker, orange und ziegelrot bis zu verschiedenen Brauntönen und schwarz. Mit Kleister vermischt lassen sich daraus phantasievolle Erdbilder malen.

Mit Erdfarben malen

➜ Vorbereitung: verschiedenfarbige Erde, leere Marmeladengläser, Tapetenkleister, Wasser, Pinsel, Stoff oder Karton zum Bemalen

Nach Anweisung Tapetenkleister anrühren und auf mehrere Marmeladengläser verteilen. Nun nur noch Erde in verschiedenen Farben zufügen, umrühren und mit Pinseln Stoff oder Karton bemalen.

Natürliche Körperfarben stellen Sie her, indem Sie verschiedenfarbige Erde einfach mit Speiseöl anrühren. Mit den Fingern auftragen.

Tipp: Möchten Sie mit Erde malen, haben aber noch nicht genügend verschiedene Farben gesammelt? Dann verrühren Sie einfach etwas Sandkistensand mit farbigen Pigmenten aus dem Naturbaustoffhandel.

Lehm, Erde, Sand

➜ Vorbereitung: je 1 Handvoll Lehm, Erde und Sand, 3 Blumentöpfe, 3 große Marmeladengläser, Wasser

Je eine Sorte Erde in einen Blumentopf füllen und auf das offene Marmeladenglas stellen. Je einen Becher Wasser in jeden

Erdfarben lassen sich gut auf Karton vermalen, aber auch Stoff und Holz sind geeignete Untergründe.

Wie fleißig ist der Regenwurm? Im Schauglas lässt sich seine Arbeit beobachten.

nicht bietet, ist selbstgemachte Knete ein schöner Kompromiss: Sie ist weicher als herkömmliche Knete und viel günstiger, so dass wir den Kindern auch größere Mengen zum Kneten und Formen anbieten können. Ein weiterer Vorteil: Mit Farbpigmenten können wir diese Knete in wunderbar warmen Erdtönen anfärben. Einfach alle Zutaten mit dem Knethaken in der Rührschüssel verrühren und loslegen.

Regenwurm-Schauglas

➜ Vorbereitung: 1 leeres Marmeladen- oder Gurkenglas, verschiedene Erdsorten (Sand, Erde, Kompost), Laubstreu, Regenwürmer, dunkles Tuch

Schichten Sie die unterschiedlichen Erdsorten ins Glas, als oberste Schicht kommt Laubstreu und Grasschnitt darauf. Nun setzen Sie die Regenwürmer ein und feuchten alles an. Wichtig: Das Glas mit einem dunklen Tuch zudecken, an einen warmen Ort stellen und immer feucht halten. Was passiert in den nächsten Tagen?

Bitte nicht vergessen, die Regenwürmer zu füttern, zum Beispiel mit geriebenem Apfel oder Gras.

Blumentopf gießen. Was passiert? Lehm lässt kaum Wasser durch, er saugt das Wasser auf und lässt sich deshalb gut formen. Da im Sand unzählige kleine Lufträume zwischen den einzelnen Körnchen sind, sickert das Wasser hier sehr schnell durch. Die Erde lässt das Wasser nur langsam hindurchsickern, saugt sich voll und kann die Feuchtigkeit allmählich an die Pflanzen abgeben, die in ihr wurzeln.

Knete selbst gemacht

➜ Vorbereitung: 200 g Mehl, 100 g Salz, 1 Esslöffel Alaun (ungiftiges Salz aus der Apotheke), 1 Esslöffel Öl, etwa l kochendes Wasser, Farbpigmente zum Einfärben (aus dem Naturbaustoffhandel)

Das wunderbare Matschen und Gestalten mit Lehm, Sand und Erde ist nicht ersetzbar. Doch wo sich die Möglichkeit dazu gerade

WUSSTEN SIE SCHON??

Perfekte Bodenaufbereitung

Wer macht aus unfruchtbarer Erde, Laub und verrottendem Gras beste Erde? Natürlich unsere Regenwürmer. Ohne sie würde bei uns tatsächlich kaum etwas wachsen! Mit ihren Gängen lüften sie den Boden und alles, was sie vertilgen, scheiden sie als fruchtbare Erde wieder aus. Im Sommer ist es Regenwürmern oft zu trocken. Dann kriechen sie bis zu zwei Meter tief in die Erde, kringeln sich ein und halten Sommerschlaf. Wenn es im Herbst feucht und kühl wird, finden wir sie wieder in den oberen Bodenschichten.

Spinnen: Oho statt igitt!

Die Furcht vor Spinnen scheint nicht vererbbar zu sein: Frederike und Knut, ausgestattet mit meinem Erbgut (!), lieben es, regelmäßig und dazu noch mit bloßen Händen auf Spinnenfang zu gehen. Dann tragen sie die Tiere gemütlich nach Hause und stecken sie in ihren Beobachtungskasten.

Im Spätsommer und Herbst finden die Kinder die schönsten und interessantesten Achtbeiner – denn jetzt sind sie voll ausgewachsen. Manche bauen kunstvolle Radnetze, manche tragen all ihre Kinder gleichzeitig klaglos huckepack und die hübsche Springspinne hüpft sogar auf dem Balkon Fliegen hinterher.

Spinnen haben es wirklich nicht verdient, mit Ekel wahrgenommen zu werden. Im Gegenteil: Ihre mannigfaltigen Formen und Farben wie auch ihre bemerkenswerte Lebensweise können Groß und Klein faszinieren. So sollten spitze Schreie beim Anblick einer Spinne endgültig der Vergangenheit angehören. Dazu können

Aus Spinndrüsen am Hinterleib schiessen seidene Spinnfäden heraus.

wir Erwachsene durch unser Verhalten eine Menge beitragen!

WUSSTEN SIE SCHON??

Geheimnis des Spinnfadens

Unglaublich, aber wahr: Was die Spinne da verspinnt, ist stärker als Stahl, dehnbar wie Gummiband und dabei federleicht. Damit stellt es alles in den Schatten, was moderne Hightech Unternehmen bislang hervorzubringen vermögen.

Dies haben Wissenschaftler akribisch errechnet: Hätte die Spinne die Größe eines Menschen, so würde sie ein Netz in der Größe eines Fußballfeldes weben. Es wäre stark genug, einen Jumbo Jet im Landeanflug abzufangen und würde zusammengefaltet dennoch bequem in eine Kommode passen. Kein Wunder, dass weltweit versucht wird, die Faden-Technologie der Spinne zu entschlüsseln – bislang ohne Erfolg.

Spinnen-Beobachtungskasten

→ Vorbereitung: ein Plastik-Terrarium aus dem Zoogeschäft, Gräser und Rinde zum Einrichten, bei kleinen Spinnen zusätzlich Mückengaze und Gummiband

Eine Spinnen-Beobachtungsstation ist schnell eingerichtet: Am einfachsten ist es mit einem Plastik-Terrarium, das mit Gräsern, Rinde und ähnlichen Naturmaterialien eingerichtet wird. Hier hinein setzen die

Kinder eine Spinne und schauen, was passiert. Wichtig: Nicht vergessen, die Spinne regelmäßig mit Fliegen zu füttern!

Bei Gartenkreuzspinne und Wespenspinne (Seite 102) können die Kinder studieren, wie die Spinnen ihr kunstvolles Netz bauen. Faszinierend zu beobachten ist auch die Jagdweise der Zebra-Springspinne (Seite 102): Kaum hat sie eine Fliege erspäht, pirscht sie sich näher, um dann aus 1–2 cm Entfernung blitzschnell das Opfer anzuspringen.

Keine Insekten

Können Ihre Kinder schon bis acht zählen? Dann können sie auch Spinnen von Insekten unterscheiden! Insekten wie Schmetterling, Biene und Käfer haben – bis auf sehr wenige Ausnahmen – sechs Beine, Spinnen hingegen acht. Ganz einfach.

Bunte Riesenspinne

➜ Vorbereitung: Äste, Wollknäuel, Nähnadel, Schere, Filzwolle, Haushalts-Schwamm (etwa 10×20 cm) und mehrere Trockenfilznadeln (Bastelgeschäft), da sie in ungeübten Kinderhänden schon mal abbrechen

Zuerst legen wir drei etwa gleich lange (zum Beispiel 30 cm lange) Äste zu einem Stern

Spinnen sind faszinierende Wesen – und die Abscheu vor Ihnen garantiert nicht angeboren!

Mit einer selbst gefilzten Spinne freunden sich Kinder gerne an.

übereinander und binden sie in der Mitte mit Wolle gut fest. Nun können die Kinder mit bunter Wolle ringsherum ihre „Spinnfäden" wickeln. Auf den Schwamm legen die Kinder aus Filzwolle einen runden Spinnenkörper und pieksen mit der Trockenfilznadel immer wieder hinein – so verfilzt die Wolle nach und nach. Ruhig mehrere Schichten Filzwolle übereinander filzen, damit der Spinnenkörper schön bauchig wird. Durch mehrere Stiche entlang einer Linie wird der Kopf vom Körper „getrennt". Wenn gewünscht, das gelb-schwarze Streifenmuster auf den Hinterleib auffilzen und natürlich die Spinnenaugen auf den Kopf.

Zum Schluss auf dieselbe Weise acht Spinnenbeine fertigen und diese dann mit einigen Stichen am Spinnenkörper befestigen. Nun muss die Spinne nur noch eine schönen Platz in ihrem Netz finden (eventuell mit etwas Wolle festnähen). Ist doch nicht eklig, oder?

SPINNEN...

Spinnkünstlerin

Garantiert: Die GARTENKREUZSPINNE ist vollkommen ungefährlich und harmlos für uns Menschen! Und absolut faszinierend: In nur einer Stunde bewerkstelligt sie es, ihr klebriges Radnetz zwischen Halmen aufzuspannen, ohne sich selbst darin zu verheddern! Übrigens: Sie baut jeden Tag ein neues Netz.

Getarnt als Wespe

Diese Spinne tarnt sich schlauerweise als Wespe und heißt deshalb auch WESPEN-SPINNE. Stechen kann sie allerdings nicht – den meisten Fressfeinden genügt schon ihre Warntracht, um sie in Ruhe zu lassen. Die wärmeliebende Schönheit breitet sich stetig in Richtung Norden aus.

Springende Zebrastreifen

Am liebsten wohnt die nur etwa 5 mm kleine ZEBRA-SPRINGSPINNE an menschlichen Gebäuden, wo Kinder sie häufig entdecken. Ein Netz braucht sie nicht: Hat sie mit ihren großen Augen eine Fliege erspäht, pirscht sie sich vorsichtig an und springt auf das Opfer. Danach verkriecht sie sich in Mauerritzen.

Nur in Häusern

Die ZITTERSPINNE fühlt sich nur in unseren Häusern wohl, wo sie nicht gerade geliebt aber ungeachtet dessen überaus nützlich ist: Pausenlos fängt sie Mücken und Fliegen in ihren fast unsichtbaren Netzen. Tippt man sie an, versetzt sie ihren Körper in Schwingungen – sie „zittert"!

Gute Mütter

WOLFSPINNEN bauen keine Netze, sondern jagen frei auf dem Waldboden. Im Frühling krabbeln sie hier in Scharen herum. Das Wolfspinnen-Weibchen trägt im Sommer einen großen, weißen Kokon mit sich herum, darin hat sie ihre Eier verpackt. Im September sieht man sie dann ihre ganze Kinderschar schleppen!

Wirklich gefährlich

Der DORNFINGER ist unsere einzige, heimische Spinne, vor der wir uns wirklich in Acht nehmen sollten: Diese Spinne teilt auch für den Menschen sehr schmerzhafte Giftbisse aus. Aufgrund des immer wärmeren Klimas breitet sie sich bei uns aus. Also: In trockene Wiesen mit langen Hosen!

Lebt auf Blüten

Die VERÄNDERLICHE KRABBENSPINNE lebt in Blüten und ist in der Lage, ihre Körperfarbe exakt dem Untergrund anzupassen! Eine raffinierte Strategie, um sich für nichtsahnende Blütenbesucher unsichtbar zu machen. Wer hier Nektar saugen will, der wird kurzerhand gepackt und ausgesaugt.

Ohne Netz

Sie trifft man von allen Spinnen in freier Natur wohl am häufigsten: Die LISTSPINNE sitzt am liebsten auf großen Blättern und sonnt sich mit breit ausgestreckten Vorderbeinen. Bei Störungen verschwindet sie blitzschnell unter dem Blattrand. Diese Spinne jagt wie die Wolfspinnen ohne Netz.

Projekt: Wald-Erlebnistag

1 Auf in den Wald

Einen erlebnisreichen Tag im Wald zu verbringen ist eine schöne Aktion für eine Schulklasse, den Kindergarten und natürlich auch für Geschwister und Freunde. Neben einem festen Ziel für ein gemeinsames Picknick, Spielen, Wahrnehmungsübungen und einer „Werkelarbeit" sollte hierbei auch das Freispiel nicht zu kurz kommen. Sobald die Erwachsenen sich zur Ruhe begeben, beginnen die Kinder ganz von selbst, den Lebensraum Wald für sich zu erkunden. Und Sie werden sehen, dass ein halber Tag im Wald viel zu kurz ist!

2 Welches Blatt zu welcher Frucht?

➜ Vorbereitung: auf dem Weg sammeln die Kinder möglichst viele verschiedene Früchte und Blätter, eventuell ein helles Tuch zum Unterlegen, eventuell ein Bestimmungsbuch

Die Kinder breiten ihre gesammelten Früchte und Blätter aus. Der Reihe nach darf sich jedes Kind eine Frucht aussuchen und auf das dazugehörige Blatt legen. Wer weiß, wie dieser Strauch oder Baum heißt? Aus den Materialien lässt sich auch mühelos ein Memory-Spiel basteln (Seite 86).

3 Baum-Fühl-Spiel

➜ Vorbereitung: ein Wollknäuel, eine Augenbinde

Mit dem Wollknäuel grenzen wir ein Spielfeld im Wald ab. Jedes Kind braucht einen Partner. Der Partner verbindet dem Kind die Augen und führt es nun behutsam und sehr vorsichtig (!) durch das Spielfeld zu einem bestimmten Baum. Um es etwas schwieriger zu machen, sollte nicht der direkte Weg gewählt werden. Das Kind tastet mit verbundenen Augen den Baum ab und wird, noch mit verbundenen Augen, wieder zum Spielfeld-Rand geführt. Gelingt es ihm, ohne Augenbinde den Baum wieder zu erkennen? Dann ist der Partner an der Reihe.
Wichtig: Hier ist ein behutsames Miteinander der Kinder gefragt!

4 **Wir kleben einen Baum**

➡ Vorbereitung: ein großer Baum aus Pappe ausgeschnitten oder aus Sperrholz ausgesägt, Holzleim „express", Blätter, Rinde, Früchte, Federn und andere gesammelte Waldschätze

Ein selbst beklebter Baum ist eine wunderbare Erinnerung an einen erlebnisreichen Waldtag und kann hinterher den Kindergarten, das Klassenzimmer oder das Kinderzimmer zu Hause schmücken. Aus einer ausgedienten Schrank-Rückwand wird mit einer Stichsäge im Nu ein phantasievoller Baum, eine große Pappe tut es natürlich auch (aufpassen, dass sie am Waldboden nicht zu feucht wird). Die Kinder dürfen im Wald nach besonders schönen „Schätzen" suchen und sie anschließend mit Holzleim aufkleben. Während der Leim trocknet, ist Zeit für Erkundungen und Spiele im Wald und ein ausgiebiges Picknick.

5 **Die Balance halten**

➡ Vorbereitung: Stöcke vom Waldboden

Das sieht einfacher aus, als es ist! Mit langen Ästen werden zunächst Start- und Ziellinie markiert. Es starten immer zwei Kinder gleichzeitig. In jeder Hand halten die Kinder einen Stock. Darauf wird ein weiterer Stock gelegt, der nun balanciert werden muss, ohne dass er hinunterfällt. Wer gelangt als erster ans Ziel, ohne seinen Stock zu verlieren? Eine schwierigere Spielvariante für größere Kinder besteht darin, sie auf Baumstämmen auf dem Waldboden balancieren zu lassen.

6 **Blätter drucken**

➡ Vorbereitung: Malkasten, Pinsel, (bunte) DIN-A4-Blätter, gesammelte Herbstblätter

Die Kinder sammeln viele verschiedene Blätter und bepinseln eine Seite davon mit Wasserfarben. Dann das Blatt mit der bemalten Fläche auf ein DIN-A4-Blatt drucken. Diese Beschäftigung fördert die Wahrnehmung von Strukturen und lässt sich schön als selbst gefertigtes Briefpapier benutzen. Wenn Sie statt Wasserfarben Stofffarben und statt Papier Stoff benutzen, können die Kinder auch T-Shirts oder ein Tischtuch gestalten.
Tipp: Die übrigen Blätter mit nach Hause nehmen und zwischen alten Telefonbüchern oder in der Pflanzenpresse (Seite 61) für winterliche Basteleien oder für das Bäume-Blätter-Buch (Seite 40) trocknen.

Pilze: Ein Reich für sich

Pilze sind keine Pflanzen – sie haben ja kein Blattgrün und können somit ihre Nährstoffe nicht selber produzieren. Zum Tierreich gehören sie auch nicht. Pilze sind tatsächlich eine eigene Gruppe von Lebewesen, von denen wir immer nur einen winzigen Teil zu sehen bekommen!

Was die wenigsten wissen: Der wahre Pilzkörper ist viel mehr als nur ein Stiel mit Hut und Sporen! In Wirklichkeit besteht der Pilz aus einem hauchdünnen Geflecht spinnwebenartiger Fäden. Sie durchziehen den ganzen Waldboden und auch die Bäume. Hut und Stiel braucht der Pilz nur zur Fortpflanzung – um seine Sporen ausstreuen zu können.

Wenn Pilze mit ihren langen, dünnen Zellfäden in krankes, morsches Holz eindringen und die Laubschicht am Waldboden durchziehen, dann erfüllen sie hier eine wichtige Aufgabe: Sie zersetzen totes Material, so dass es wieder zu wertvollem Humus wird. Wo aber Pilze in gesundes Holz eindringen, machen sie sich bei Förstern als Schädlinge unbeliebt.

Mit Aasgeruch lockt der Stinkmorchel Fliegen an.

WUSSTEN SIE SCHON??

Mächtig giftig!

Pilze sind faszinierende Lebewesen – manche so schmackhaft, dass sie zu begehrten Delikatessen zählen, andere so giftig, dass sie schon ganze Familien auslöschten. Und leider haben auch viele Speisepilze sehr ähnliche, aber giftige Doppelgänger. So wird in fast jedem Herbst versehentlich der Grüne Knollenblätterpilz als harmloser „Champignon" gesammelt. Er sieht harmlos aus und ist doch der tödlichste aller Pilze: Die Giftwirkung macht sich erst nach 6–24 Stunden bemerkbar – dann kommt jede Hilfe in der Regel schon zu spät. Also: Nur mit Spezialisten Pilze ernten gehen!

Unter den Hut geguckt

Lassen Sie Ihre Kinder mal unter den Pilz-Hut schauen: Dort finden sie in den meisten Fällen fein gefächerte Lamellen, bei manchen Pilzen auch Röhren und wenige tragen hier Stacheln. All diese Strukturen dienen dazu, die Oberfläche unter dem Hut zu vergrößern: Damit möglichst viele Sporen hineinpassen, die bei günstigen Bedingungen zu neuen Pilzen heranwachsen.

Hexeneier züchten

Wie aus hauchdünnen Fadengeflechten ein Pilz wächst, lässt sich sehr gut am Stinkmorchel beobachten: Im Jugendstadium wächst dieser häufige Pilz wie ein Ei aus dem Waldboden. Wo genügend solcher „Eier" wachsen, darf man ruhig eines vorsichtig herauszupfen: Hier sieht man deutlich die feinen weißen Fäden (das Myzel) an der Unterseite.

Nehmen wir dieses „Hexenei" mit nach Hause und legen es auf einen Teller mit feuchtem Küchenpapier, so können wir beobachten, wie aus dem „Ei" über Nacht ein richtiger Stinkmorchel wird.

Zunderschwamm

Diesen hübschen quer gestreiften Baumpilz trug schon Ötzi, der Mann aus dem Eis, mit sich! Der „Zunderschwamm" war für die Menschen früher tatsächlich überlebenswichtig, denn er brachte ihr Feuer zum Glimmen. In feine Streifen geschnitten, in Urin eingelegt und getrocknet entsteht eine rehbraune, filzige Masse, die durch auftreffende Funken sofort zu Glimmen beginnt – und diese Glut auch über Minuten hält. Die Funken erhielten unsere Vorfahren, die natürlich noch keine Streichhölzer kannten, indem sie Feuerstein und eisenhaltige Steine (wie zum Beispiel Pyrit) aneinander schlugen.

Verlockend hübsch, aber giftig: Der Fliegenpilz gehört nicht in Kinderhände.

Wächst wie ein Käppi am Baum: der hübsche Zunderschwamm.

Sporen – Zauberei

➜ Vorbereitung: ein Hut-Pilz (ein reifer Champignon aus dem Supermarkt tut es auch), weißes oder buntes Zeichenpapier und durchsichtige Klebefolie.

Wie viele Sporen ein Pilz unter seinem Hut versteckt hält, können Sie mit diesem einfachen Experiment sichtbar machen: Legen Sie den Hut (Unterseite nach unten) auf ein Blatt Papier und lassen Sie ihn über Nacht an einem warmen Ort liegen. Über Nacht entlässt der Pilz seine zahlreichen Sporen: Sie können weiß, gelb rosa, violett, braun oder schwarz sein. Um die phantastischen Sporenmuster zu fixieren, bekleben Sie sie mit durchsichtiger Folie (zum Beispiel Schulbuch-Einband-Folie).

Gallen an Bäumen: Leben in der Kugel

An der Unterseite vieler Eichenblätter kleben jetzt im Herbst kleine skurrile Gebilde. Nicht größer als eine Murmel, beherbergt jede Kugel, genannt „Galle", einen kleinen Schatz: Darin wohnt, gut versorgt mit Futter und geschützt vor Feinden, ein raffiniertes Tierchen.

Dabei erkennt man an den Gallen weder Ein- noch Ausgang. Wie ist das Tier hier hinein gekommen und wie kommt es wieder heraus? Fraglich ist auch, wie das apfelähnliche Gebilde am Blatt befestigt ist.

Wer schlüpft aus der Kugel?

➔ Vorbereitung: ein leeres, sauberes Marmeladenglas, ein Stückchen Mückengaze, Gummiband, Wassersprüher, ein oder zwei Blätter mit Gallen

Sammeln Sie im November ein oder zwei Eichenblätter (Seite 43) mit Gallen. Achten Sie darauf, dass sich noch kein Loch darin befindet, sonst ist das Tierchen bereits geschlüpft. Die Blätter in ein sauberes Marmeladenglas legen und mit Mückengaze und

Wie kommen die Mini-Äpfel ans Eichenblatt?

Gummiband verschließen. In den nächsten Wochen hin und wieder mit etwas Wasser besprühen – sie dürfen weder austrocknen noch schimmeln.

Mit etwas Glück schlüpft dann ein ameisengroßes Insekt daraus – die Eichengallwespe. Und zwar immer ein Weibchen! Keine Angst, sie sticht nicht und ist auch sonst völlig harmlos. Bitte entlassen Sie das Tierchen – unabhängig vom herrschenden Wetter – wieder am Fundort in die Natur.

Gut zu wissen: Leider klappt das Ausschlüpfen nicht immer. Das ist in der Natur aber auch nicht anders! Manchmal fallen Blätter zum Beispiel bei einem Sturm vorzeitig ab und die Entwicklung kann nicht abgeschlossen werden.

WUSSTEN SIE SCHON??

Wer macht nun den Gallapfel?

Gallen sind Gebilde, die der Baum selbst herstellt und nicht etwa die Tierchen, die darin leben! Warum macht der Baum das? Wenn die Gallwespe ihre Eier ins Eichenblatt sticht, veranlasst das den Baum dazu, die Eier zu umwuchern – vermutlich als Selbstschutz kapselt er die Eier ab. Die schlüpfende Larve gibt nun Stoffe ab, die den Baum veranlassen, die Galle um sie herum weiter wachsen zu lassen. Das winzig kleine Tierchen erteilt dem riesigen Baum sozusagen „den Befehl", eine adäquate Kinderstube zu bilden. Und er gehorcht. Dem Baum schaden die Gallen nicht.

Gelüftetes Geheimnis: Im Gallapfel wohnt die ameisenähnliche Eichengallwespe.

Wie kommt das Tier hinein?

Noch vor dem Winter sticht die Eichengallwespe ihre Eier in die Blattknospen der Eiche. Daraus wachsen im Frühjahr mit dem Blattaustrieb kleine unscheinbare Gallen. Aus diesen schlüpfen im Sommer Männchen und Weibchen. Nach der Hochzeit legt das Weibchen seine Eier in die Blattadern der Eichenblätter. Darum herum wuchern jetzt die sogenannten Galläpfel, die wir im Herbst am Eichenblatt finden.

Ananas an Fichte ...

Wer einmal beginnt, auf Gallen zu achten, der findet die verrücktesten Formen und Farben. An der Spitze von Fichtenzweigen findet man ganz häufig Gebilde, die aussehen wie winzige Ananas: Auch das sind Gallen, die aber nicht von einer Wespe verursacht werden, sondern von einer Pflanzenlaus, der Fichtengalllaus. In jeder Erhebung der kleinen Ananas wächst dicht an dicht eine kleine Laus heran.

... und Schlafapfel an Rose

An Rosen sieht man häufig runde, rote, strubbelige Gebilde: Wie kleine Hexen-Perücken, die an den dornigen Zweigen hängen blieben. Darin wachsen gleich mehrere Larven der Rosengallwespe heran. Früher legte man diese Gebilde unruhigen Kindern unter das Kopfkissen – sie sollten einen ruhigen Schlaf bringen und heißen deshalb bis heute auch „Schlafapfel".

Auch in dieser „Mini-Ananas" sind kleine Tierchen zu Hause.

WINTER

Vögel füttern im Winter

Mit Kindern Vögel zu beobachten ist so eine Sache: Erstens sind Vögel meist recht weit weg, zweitens lassen sie sich recht leicht von Menschen erschrecken und drittens können Kinder in der Regel mit dem Fernglas noch nicht so gut umgehen. Der Winter aber bietet unschlagbare Möglichkeiten, Vögeln zu begegnen.

Während die Vögel auf dem Fensterbrett unsere Leckereien verzehren, können wir gemütlich im Warmen sitzen und sie beobachten. Bei reichhaltigem Nahrungsangebot wird das Zusehen sicher nicht langweilig.

Mehr Futter, weniger Streit

Wenn es ums Essen geht, verhalten sich Vögel genau wie andere Lebewesen: Bei Futterknappheiten sind Streitigkeiten meist vorprogrammiert. Besser als ein großes Futterhaus ist es daher, mehrere kleine Futterstationen zu errichten. Je vielschichtiger, umso mehr Arten werden Sie damit anlocken können:

Am Boden ausgelegte Äpfel und Meisenknödel locken Amseln und Rotkehlchen an, Meisenringe und -knödel an Ästen sind ideal für verschiedene Meisenarten und am

Futtersilo findet sich neben Finken vielleicht sogar ein Buntspecht ein. Klassische Futterhäuschen werden gern von den frechen Grünfinken besetzt und der Kleiber räumt hier flink die Sonnenblumenkerne ab.

Futter-Mischung

➜ Vorbereitung: 1 kg festes Pflanzenfett (zum Beispiel Kokosfett), 3 Esslöffel Speiseöl, 1 kg Körner-Früchte-Mischung (sehr beliebt sind selbst gesammelte und getrocknete bzw. eingefrorene Sämereien und Früchte)

Fett und Öl bei kleiner Hitze in einem großen Kochtopf erwärmen, Körner-Früchte-Mischung hinzufügen und alles einmal kurz aufkochen. Durch das Erhitzen wird Schimmelpilzbildung bei länger gelagertem Futter vermieden und das Öl sorgt dafür, dass die Mischung im erkalteten Zustand nicht bröckelt. Die Masse ist benutzbar, wenn das Fett halb durchgehärtet ist, das heißt, sie ist gut formbar, aber nicht mehr flüssig.

Meisenknödel

➜ Vorbereitung: Futter-Mischung, Netze von Zwiebeln, Zitronen oder Orangen, Blumendraht

Aus der Masse formen die Kinder mit den Händen Kugeln. Umwickelt mit einem ausgedienten Zitronennetz und oben mit Draht zusammengebunden werden daraus im Handumdrehen perfekte Meisenknödel.

Tipp: Küchenpapier zum Händeabwischen bereitlegen.

Futterglocke

➜ Vorbereitung: Futter-Mischung, Tontöpfe oder halbe Kokosnuss-Schalen, feste Schnur, Stöckchen

Knoten Sie ein 2–3 cm langes Aststück ans Ende einer 20 cm langen Schnur und ziehen sie diese von innen durch das Loch im Tontopf oder in der Kokosschale, so dass der Zweig den Topf hält. Sie dient als Aufhängung. Füllen Sie den Tontopf oder die Kokosschale mit der Grundmischung und stecken Sie einen etwa 10 cm langen Zweig hinein – er dient den Vögeln zum Landen und Festhalten.

Meisenkekse

➜ Vorbereitung: Futter-Mischung, Plätzchen-Förmchen, Band zum Aufhängen

Die hübschen und dekorativen Meisenkekse sind besonders schnell gemacht: An jedem Förmchen wird eine Schnur befestigt und die Form anschließend mit der Futtermischung gefüllt. Auf einem Blech mit Backpapier gut durchhärten lassen und samt der Form aufhängen.

Auch hohle Äste in Scheiben gesägt können mit Vogelfutter befüllt werden.

Meisenplätzchen werden nicht gebacken sondern zum Aushärten in die Kälte gestellt.

VÖGEL AM FUTTERHAUS...

Akrobaten

Sie ist es gewohnt, ihr Futter an äußersten Zweigspitzen baumelnd zu picken – und so landet die BLAUMEISE auch sehr gern an schwingenden Meisenringen und -knödeln. An den ersten sonnigen Tagen im Februar beginnt sie wieder zu singen und bringt so einen Hauch von Frühling zu uns.

Überall am Futterhaus

Landen, ein Körnchen aufpicken, damit auf einen Ast fliegen und den Kern mit kräftigen Schnabelhieben bearbeiten. So geht das ununterbrochen bei der KOHLMEISE, die dabei immer sehr hektisch wirkt. Am Futterhaus sieht man sehr schön den Größenunterschied zur zierlichen Blaumeise.

Der Abräumer

Es ist unglaublich, wie schnell ein KLEIBER ein frisch gefülltes Futterhäuschen abräumt: Pausenlos fliegt er zwischen nahen Bäumen und Futterstation hin und her, jedes Mal transportiert er gleich mehrere Sonnenblumenkerne im Schnabel und versteckt sie in seiner Vorratskammer in der Baumhöhle.

Groß und bunt

Seit wir an unserem Futterhäuschen übergroße Meisenknödel anhängen, kommt regelmäßig der BUNTSPECHT zu Besuch. An den großen Knödeln kann er einfach am besten landen. Aber auch hängende Futtersilos, gefüllt mit Fettfutter und Sonnenblumenkerne sind bei ihm beliebt.

... ERKENNEN

Scheue Resteverwerter

Viele **BUCHFINKEN** bleiben auch im Winter in ihrem Brutrevier und kommen dann gern ans Futterhäuschen. Meist trippeln sie mit nervösem Kopfzucken am Boden umher und lesen auf, was die anderen Vögel verstreut haben. Am liebsten mögen sie kleine Samen, gehackte Nüsse und getrocknete Beeren.

Grün und streitlustig

Wenn der **GRÜNFINK** an der Winterfütterung landet, beansprucht er den meisten Platz. Mächtig und mit kräftigem Schnabel ausgestattet vertreibt er Meise & Co. Vom hin- und herfliegen mit jedem Körnchen hält er nichts: Lieber platziert er sich mitten im Futterhäuschen und isst sich richtig satt.

Rot, niedlich, hungrig

Wer kann schon einem im Busch kauernden aufgeplusterten **ROTKEHLCHEN** widerstehen? Schnell das Futterhäuschen hervorgekramt und bestückt. Rotkehlchen suchen ihr Futter allerdings bevorzugt in Bodennähe. Also am besten einen Meisenknödel am Fuß der Futterstation befestigen.

Äpfel am Boden

AMSELN suchen ihr Futter am Boden. An ihrem feinen Schnabel erkennt man schon, dass er zum Knacken von Sonnenblumenkernen nicht geeignet ist. Am liebsten mögen Amseln weiches Futter, wie in Fett getränkte Haferflocken, Rosinen und besonders gern ausgelegte Äpfel.

Spannende Spurensuche

Es dürfte eher die Ausnahme sein, in Mitteleuropa einem Fuchs, Dachs oder Rothirsch in freier Wildbahn zu begegnen. Doch können viele Wildtiere sich nicht durch die Natur bewegen, ohne dabei Spuren zu hinterlassen! Diese Spuren zu entdecken, zu deuten und zu sammeln ist ein Abenteuer für sich.

Typisch Dachs: An seinem Höhleneingang befindet sich immer eine Rutsche!

Die besten Fußabdrücke findet man nach Regenschauern und an schlammigen Ufern von Teichen und Flüssen: Hier drücken sich die Füße der Tiere deutlich ab. Der Traum jedes Spurensuchers ist eine frisch verschneite Landschaft – hier erzählen die Spuren der Tiere oft ganze Geschichten.

Auf dem Dachspfad

Außer ihren Fußabdrücken hinterlassen Wildtiere noch viele andere Spuren: Der Dachs gräbt tiefe Tunnelgänge mit einer tollen Rutsche am Eingang, der Fuchs markiert Baumstümpfe mit seiner Losung, Wildschweine reiben sich gern an ihrem Lieblingsbaum, Eichhörnchen knabbern Fichtenzapfen ab und jetzt im Winter kann man viele Vogelnester entdecken. Vielleicht treffen wir sogar auf die Reste einer Habicht-Mahlzeit!

Wenn wir aufmerksam und mit offenen Sinnen den schmalen Pfaden der Tiere im Wald folgen werden wir ganz sicher auf viele spannende Tierspuren treffen, die mit

So gießt man Spurenabdrücke – ein tolles Souvenir!

Knut hat im Wald eine Buntspecht-Rupfung gefunden.
Ein Schatz für die Federsammlung!

Eine Federsammlung anlegen

➜ Vorbereitung: Gesammelte Federn,
Schere, DIN-A4-Papier, Klarsichthüllen und
eine Mappe, eventuell ein Bestimmungsbuch
„Vogelfedern" (s. Buchtipp Seite 139)

Kaum eine Expedition in die Natur vergeht,
ohne dass unsere Kinder Federn finden –
und keine ist wie die andere! Manchmal
stoßen wir auf unseren Streifzügen auch
auf die Reste einer Habichtmahlzeit – hier
finden sich dann gleich ganz viele Federn.
Wenn auch Ihre Kinder begeisterte Feder-
sammler sind, dann können sie aus ihren
Schätzen eine Sammlung anlegen: Für jede
Feder ritzt man ein Blatt Papier zwei Mal
parallel ein und steckt die Feder hier durch.
In einer Klarsichthülle verwahrt man die
Federn so in einer Mappe.

Selber Spuren machen!

➜ Vorbereitung: Schnee

Dieses fröhliche Spiel bringt garantiert
Schwung in jede konzentrierte Spurenrätse-
lei: Alle bis auf ein Kind halten sich die Augen zu. Das darf möglichst verrückte Spuren
im Schnee hinterlassen – zum Beispiel rück-
wärts auf einem Bein hüpfen oder auf allen
Vieren im Krebsgang krabbeln. Nun müssen
alle anderen raten, wie diese Spuren zustan-
de gekommen sind. Wer es erraten hat, darf
die nächsten Spuren legen.

einem Bestimmungsbuch (Buchtipps Seite
139) zu entschlüsseln sind.

Spurenabdrücke gießen

➜ Vorbereitung: Elektriker-Gipspulver
(aus dem Baumarkt; dieser Gips härtet besonders schnell aus), Flasche Wasser, großer
Joghurtbecher, Messbecher, Stock zum Umrühren, 1 Pappstreifen (etwa 30 cm lang und
3 cm breit), 1 Büroklammer

Hat man einen guten, tiefen Fußabdruck
gefunden, biegt man den Pappstreifen
zu einem Ring, steckt die Enden mit der
Büroklammer fest und legt diesen Pappkreis
um die Spur (etwas in die Erde drücken).
Nun werden etwa 200 g Gipspulver mit etwa
150 ml Wasser klümpchenfrei vermischt
und in den Pappkreis auf die Spur gegossen.
Nach etwa 15 Minuten ist der Gips
ausgehärtet und darf vorsichtig angehoben
werden. Anhaftende Erde und Laub mit
etwas Wasser abspülen und den Pappring
entfernen.

WUSSTEN SIE SCHON??

Die Schmiede im Wald

In Fichtenwäldern treffen wir öfter auf ganze Ansammlungen wild zerrupfter Fichtenzapfen in der Nähe eines
Baumstumpfs. Hier war ein Specht am Werk: Mit seinem
kräftigen Schnabel klemmt er die Zapfen in schmale Ritzen und kann nun darauf herum hämmern. So gelangt er
an die nahrhaften kleinen Fichtensamen, die unter den
Zapfenschuppen verborgen liegen. Wenn Mäuse oder
Eichhörnchen Zapfen abnagen, sehen diese hinterher ganz
sauber und ordentlich aus.

SPUREN...

Von Baum zu Baum

Diese Spuren enden oft an einem Baum: Hier ist ein EICHHÖRNCHEN entlang gehüpft und dann auf den Baum geklettert. Ganz typisch: Vorne liegen zwei große Pfotenabdrücke – das waren seine größeren Hinterpfoten, die das Eichhörnchen beim Hüpfen immer vor den kleineren Vorderpfoten aufsetzt!

Typische Spurstellung

An der Stellung der Spuren erkennt man, dass hier ein HASE gehoppelt ist: Vorne sieht man den Abdruck der zwei großen (etwa 6 cm langen) Hinterpfoten, die fast genau nebeneinander stehen. Dahinter sind die kleineren (etwa 5 cm langen), hintereinander angeordneten Abdrücke der Vorderpfoten.

2 große und 2 kleine Zehen

Das WILDSCHWEIN läuft nur auf zwei stark vergrößerten Zehen. Diese sind von festem Horn umgeben, das man als „Schale „ bezeichnet. So besteht eine Wildschwein-Spur immer aus dem Abdruck zweier großer Schalen. Dahinter sind immer noch die winzigen Abdrücke der zwei Hinterzehen zu sehen.

Ohne Hinterzehen

Genau wie das Wildschwein tritt auch das REH nur mit zwei Zehen auf. Sein Schalenabdruck ist im Gegensatz zu dem des Wildschweins (Gesamtlänge mit Hinterzehen etwa 10 cm) aber zierlich, höchstens 5 cm lang und schmal. Beim Reh drücken sich niemals Hinterzehen mit ab.

… ERKENNEN

Mit Flossen

Diese Spuren enden oft am Wasser – hier ist eine Ente baden gegangen! Typisch für Enten, aber auch für Möwen sind ihre Schwimmhäute zwischen den Zehen. Dadurch sehen ihre Spuren aus, als wäre hier ein Taucher mit Flossen ins Wasser gestiefelt. Der Fußabdruck einer Stockente ist 5 cm lang.

Eine Zehe fehlt

VÖGEL haben nie mehr als vier Zehen. Anders als bei den Säugetieren fehlt ihnen die „kleine Zehe". Ihr „Daumen" zeigt nach hinten und ist manchmal so klein, dass er gar keinen Abdruck mehr hinterlässt. Hier ist eine Amsel entlang gehüpft. Die Spur ist ungefähr 3 cm lang. Die Spur vom Graureiher misst gut 10 cm!

Wie auf eine Schnur gefädelt

Wo sich solche Spuren wie auf eine Perlenkette gereiht durch die verschneite Landschaft ziehen, ist ein FUCHS getrabt. Man sagt auch, er ist „geschnürt". Der Pfotenabdruck des Fuchses ist 5 cm lang, bei ihm drücken sich im Gegensatz zum Dachs über dem Hauptballen nur vier Zehen ab.

Mit langen Krallen

Der DACHS hinterlässt ganz unverwechselbare Spuren: Mit über 6 cm Länge sind sie größer als die Spur vom Fuchs – charakteristisch sind die langen Krallen, die sich insbesondere bei den Vorderpfoten deutlich abdrücken. Typisch: Auch der „Daumen" ist sichtbar. Solche Spuren hinterlässt kein Hund!

Das Element Feuer erleben

Hätte der Mensch vor rund einer Million Jahren nicht gelernt, das Feuer für sich nutzbar zu machen, so wäre unsere kulturelle Entwicklung mit Sicherheit anders verlaufen. Das Feuer spendete nicht nur Wärme – erst durch das Feuer konnte Nahrung erhitzt, genießbar gemacht und konserviert werden.

Feuer ist faszinierend – und gefährlich. Kinder lernen einen verantwortungsvollen Umgang mit Feuer am besten gemeinsam mit Ihnen.

Ein Lagerfeuer richtig entfachen

➜ Vorbereitung: Steine, Feuerholz, trockene Gräser oder Papier und Pappe, Streichhölzer, Eimer Wasser

Wichtig ist, dass Sie ein kleines, kindgerechtes Feuer machen. Suchen Sie gemeinsam mit Ihrem Kind einen geeigneten Platz dafür aus. Er darf nicht unter Bäumen liegen und nicht zu nah an Gebäuden; ringsherum sollte er genügend Platz bieten. Zur Sicherheit immer einen Eimer mit Wasser neben dem Feuer bereitstellen. Legen Sie einen Kreis aus Steinen, um die Feuerstelle zu begrenzen. Lassen Sie Ihre Kinder möglichst selber trockenes Brennholz und Gräser sammeln, es erfüllt Kinder mit großem Stolz, das Holz für „ihr" Feuer selbst gesammelt zu haben.

Zuerst wird etwas Papier zerknüllt und mit kleinen Schnipseln Pappe in die Mitte der Feuerstelle gelegt. Den selben

Ein Feuer entfachen: Das befriedigt unsere tief schlummernden Ur-Instinkte.

Zweck erfüllen vertrocknete Gräser und Halme. Darüber dünne Hölzchen wie ein Indianer-Tipi legen und weitere Hölzer außen herum schichten. Das Feuer wird in der Mitte, am Zeitungspapier entzündet. Hat Ihr Kind noch keine Erfahrung mit dem Anzünden von Streichhölzern, so planen Sie vorsichtshalber eine Packung mehr ein.

Wichtig: Bevor Sie nach Hause gehen, löschen Sie das Feuer gemeinsam mit Ihrem Kind mit Erde oder Wasser.

Knistern, Züngeln, Glitzern

Ermuntern Sie Ihr Kind, für eine Weile still am Feuer mit Ihnen auszuharren. Spüren Sie die wohltuende Wärme, die von Ihrem Feuer ausgeht. Finden Sie verschiedene Feuerfarben: Wo ist es gelb, wo orange oder blau? Schließen Sie die Augen und lauschen Sie den Feuertönen: Knistert das Feuer, flüstert, braust oder knackt es? Kann man den Feuerschein auch noch durch geschlossene Augenlider wahrnehmen? Wonach riecht das Feuer? Auch Sonne, Mond und Sterne gehören zum Naturelement Feuer. Welches davon ist jetzt sichtbar?

Feuersaft und Feuerbrot

➜ Vorbereitung: für jeden 1 Sitzkissen (Isomatte) und 1 Tasse, 1 Kochtopf aus Aluminium oder Edelstahl (ohne Plastikgriffe!), der schwarz werden darf, 1 Grillrost, Feuerholz, Streichhölzer, Steine, etwas Papier und Pappe; für den Feuersaft (4 Personen): 1 l Holundersaft, 1/2 l Apfelsaft, 1/2 l Wasser; 4 Brötchen

Es gibt kaum ein schöneres Wintererlebnis, als am Lagerfeuer die wohltuende Wärme darauf bereiteter Speisen zu genießen. Legen Sie die Steine so, dass der Grillrost genau darauf passt und entfachen Sie ein Feuer in der Mitte. Erst, wenn reichlich Glut vorhanden ist (nach etwa 1 Stunde), den Grillrost auf die Steine legen und den Topf mit dem inzwischen vorbereiteten „Feuersaft" zum Erhitzen darauf stellen. Die Brötchen zum Aufbacken daneben legen, regelmäßig drehen. Natürlich können Sie auch einfach einen Tee auf dem Feuer zubereiten.

Lagerfeuer-Romantik mit Stockbrötchen und heißem Tee: Das lieben alle Kinder!

Feuer braucht Luft!

➜ Vorbereitung: Teelicht, unterschiedlich große Gläser, Streichhölzer, Uhr

Entzünden Sie ein Teelicht und stülpen Sie ein Glas darüber. Nach einer Weile erlischt die Flamme – der Sauerstoff im Glas ist aufgebraucht. Heben Sie das Glas kurz hoch, können wir die Flamme damit noch „retten". Experimentieren Sie mit verschieden großen Gläsern und notieren Sie die Zeit – wann brennt die Flamme am längsten? Achtung: Das Glas kann heiß werden!

Tiere in ihrem Element

➜ Vorbereitung: mindestens 3 Spieler, Ball

Die Kinder stellen sich im Kreis auf. Das kleinste Kind bekommt den Ball und wirft ihn einem anderen Kind zu. Dabei ruft es eines der vier Elemente: „Feuer", „Wasser", „Erde" oder „Luft". Hat es „Erde" gerufen, so muss das Kind, das den Ball fängt, ein Tier nennen, das in diesem Element lebt, etwa „Regenwurm" oder „Maulwurf". Bei „Luft" beispielsweise „Schwalbe" oder „Libelle". Wer beim Element „Feuer" ein Tier nennt oder einen Tiernamen ein zweites mal benutzt, scheidet aus.

Bäume im Winter

Woran erkennen Kinder einen Baum? An seiner Gestalt, an seinen Blättern?
Bäume kann man auch an ihrer Rinde erkennen (Seite 126) – bei jedem Baum ist
sie anders. Und an ihren ganz unterschiedlichen Knospen (Seite 124),
in denen schon über Winter Blätter und Blüten schlummern.

Klang im Wald

➜ Vorbereitung: verschieden dicke
Äste, Schnur, Akkubohrer

Probieren Sie einmal aus, wie Holz klingt,
indem Sie zwei Äste aufeinander schlagen.
Nun nehmen Sie einen dünneren Ast als
„Schlägel" – hören Sie den Unterschied?
Manchmal ziehen unsere Kinder völlig
selbstvergessen einfach Rhythmen schla-
gend durch den Wald – manchmal ist das so
ansteckend, dass wir Erwachsenen spontan
„mit Einsteigen" – das braucht keine Worte.
Danach sind wir alle wunderbar ausgegli-
chen und entspannt.

Mit etwas Geduld lässt sich aus Ästen
und Schnur so ein Klangspiel herstellen:
Zwei dickere Äste an mehreren Stellen
durchbohren und die dünneren mit
Schnur jeweils oben und unten an diesen

Indianer tanken durch Ihre Fingerspitzen
Energie aus dem Baum.

WUSSTEN SIE SCHON??

An den Knospen erkannt

Schwarz bei der Esche, unverwechselbar dick und klebrig
bei der Kastanie oder wie lange Eselsohren abstehend
wie bei der Buche – jeder Baum hat andere Knospen!
Werden Sie und Ihre Kinder spielend zu Knospen-
Experten, das frischt jeden winterlichen Spaziergang
auf: Ermuntern Sie die Kinder, nebenbei möglichst viele
verschiedene Knospen zu finden. Ein Bestimmungsbuch
„Knospen und Zweige" erleichtert die Identifizierung
(Buchtipps Seite 139).

festknoten. Als Schläger dient ein schön
klangvoller Ast.

Rinden- und Blätterfrottage

Vorbereitung: Wachsmalstifte, Zeichenpapier, feste Unterlage zum Beispiel aus Pappe

Das Zeichenpapier auf die Baumrinde legen
und mit dem Wachsmalstift vorsichtig (sonst
reißt das Papier) die Struktur der Rinde
durchrubbeln. Tipp: Am besten geht es mit
Wachsblöckchen, hier hat man eine breitere

Auflagefläche. Von stiftförmigen Wachsmalkreiden kann man das Papier entfernen und sie „quer" benutzen. Für die Blätterfrottage das Blatt mit den Blattadern nach oben auf eine feste Unterlage legen, das Zeichenpapier darüber breiten und mit den Farben die Blattstrukturen auf dem Papier sichtbar machen.

Beruhigende Eichenrinde

➜ Vorbereitung: Eichenrinde und eine feine Küchenreibe oder Eichenrinde aus der Apotheke

Eichenrinde enthält viele wertvolle Gerbstoffe, die heilend und juckreizstillend wirken. Kindern mit trockener Haut geben Sie eine Abkochung aus Eicherinde ins Badewasser: Dazu 4 Esslöffel Eichenrinde mit 1 l kochendem Wasser übergießen, 30 Minuten ziehen lassen und ins Badewasser geben. Der Aufguss ist auch gut für Umschläge geeignet.

Holz macht Musik: Je nach Dicke und Alter klingt jeder Ast anders!

Die Struktur der Rinde wird mit Wachsmalkreiden besonders deutlich.

Tee aus Weidenrinde

➜ Vorbereitung: Weidenzweige und feine Küchenreibe oder fertig gekaufte Weidenrinde aus der Apotheke

Die Rinde von Weiden (Seite 127) wirkt fiebersenkend und schmerzstillend. So ist es eines der ältesten Hausmittel überhaupt. Chemiker entdeckten schließlich darin das Salicin, den Vorläufer der heute synthetisch hergestellten Acetylsalicylsäure – bekannt unter dem Namen „Aspirin". Es geht aber auch ohne Chemie: Übergießen Sie einen gehäuften Teelöffel fein geriebener Weidenrinde mit 1/4 l kalten Wassers, lassen es 20 Minuten stehen und bringen es dann sehr langsam zum Sieden. Lassen Sie den Tee noch 5 Minuten ziehen und seihen Sie ihn durch ein Sieb. Maximal 2–5 Tassen täglich davon trinken.

Bitte beachten: Für Kinder unter 12 Jahren und Schwangere sind auch natürliche Schmerzmittel nicht geeignet.

Tipp: Die geschälten Weidenzweige sehen sehr hübsch aus und können von den Kindern für erschiedene Bastelarbeiten genutzt werden (Seite 16 und 17).

KNOSPEN...

Kleine Eselsohren

Dünn und rötlich braun sind die Zweige der
ROT-BUCHE. Daran sitzen die länglichen und
am Ende zugespitzten Knospen wie abstehende Eselsohren. Jede Knospe ist von vielen
kleinen Schuppen umhüllt und wird über 2 cm
lang. Manche Knospen sind auch rundlich
– daraus entfalten sich die Blüten.

Grün wie Blätter

Die Knospen vom BERG-AHORN fallen dadurch auf, dass sie grasgrün und rundlich-dick
sind. Jede Knospe ist von 6–8 Knospenschuppen eingehüllt, die jeweils braun gesäumt
sind. Typisch ist auch die Anordnung der
Knospen am Zweig: Zwei Knospen stehen sich
immer direkt gegenüber.

Klebrig in einer Reihe

Die ROSS-KASTANIE fällt im Winter mit ihren
durchgebogenen Zweigen auf, deren Spitze
immer nach oben zeigt. Wie Schulkinder, die
sich in einer Reihe aufstellen, stehen die Knospen immer nebeneinander. Außer der dicken,
klebrigen Endknospe – in ihr schlummert die
Blütenkerze.

Nie alleine

Die Knospen der STIEL-EICHE scheinen sehr
gesellig: Dicht gedrängt gruppieren sie sich an
den Zweigenden. Typisch: Die Knospen sind
rundlich bis eiförmig und von vielen, kleinen,
rotbraunen Knospenschuppen eingehüllt.
Dabei ist die Endknospe meist größer als die
anderen.

Kohlrabenschwarz

Mit diesen Knospen hat Knut als Dreikäsehoch Winter-Spaziergänger verblüfft, die ihm sagen sollten, was das denn für ein Baum sei. Dabei war seine Artenkenntnis noch nicht so großartig, wie mancher meinte. Die Knospen der ESCHE sind einfach unverwechselbar: schwarz und matt.

Da sind Kätzchen drin

Die Knospen der SAL-WEIDE sind spiralig um die Zweige herum angeordnet. Wie für Weiden typisch hat jede Knospe nur eine einzige Knospenschuppe, die wie eine Tüte darüber gestülpt sitzt. Sie fällt schließlich als Ganzes ab. Darunter kommen die weichen Weidenkätzchen zum Vorschein.

Wärmender Filz

Dass an diesen Zweigen einmal schwere Äpfel hängen werden, sieht man gleich. Sie sind recht dick, stabil und charakteristisch für unseren Kultur-APFEL. Typisch für die Knospen vieler Apfel-Sorten ist ihre weißfilzige Behaarung – sie schützt die schlummernden Blüten vor Frösten.

Mit Wimpern

Die jungen Zweige der HASEL wachsen im Zickzack. Seine Knospen sind 5–7 mm lang und leicht zugespitzt. Hier lohnt ein genauerer Blick durch die Lupe: An der Lichtseite sind die Knospen rotbraun, im Schatten grün. Die Knospenschuppen tragen an ihren Rändern ganz feine Wimpern.

RINDE...

Silbrig und glatt

Umarmen Sie einmal eine ROT-BUCHE mit geschlossenen Augen. Sie werden sie sicher erkennen. Denn selbst bei älteren Buchen ist die Rinde ganz glatt. Diesen Luxus einer „dünnen Haut" kann sie sich erlauben: Durch das dichte Blätterdach dringt kaum schädliches UV-Licht bis an den Stamm.

Tief gefurcht

Das Laub der STIEL-EICHE ist viel lichter als das der Buche – vor der schädigenden UV-Strahlung, aber auch vor anderen Witterungseinflüssen schützt sich die Eiche deshalb mit einer derben tief zerfurchten Rinde. Eichenrinde enthält desinfizierende Gerbsäure und beruhigt juckende Haut.

Rot und schuppig

Die Rinde der FICHTE ist unverwechselbar: Sie löst sich in kleinen, rundlichen Schuppen ab und ist rötlich. Wegen dieser Farbe wird sie auch „Rottanne" genannt. Typisch: Der kerzengerade Fichtenstamm – aus ihm kann man gut Bretter sägen. Die raue Rinde bietet vielen Insekten Unterschlupf.

Rötlich schimmernd

Die plattenartige rötliche Rinde ist typisch für die KIEFER. In Finnland stellte man aus der hellen Unterrinde in Notzeiten ein Brotmehl her. Wegen der gesundheitsfördernden Wirkung lebt diese Tradition heute wieder auf – die Rinde enthält mehrere entzündungshemmende Stoffe.

...ERKENNEN

Weiß und wetterfest

Das schimmernde Weiß in der Rinde der BIRKE wird durch einen Inhaltstoff namens Betulin verursacht. Er macht die Rinde gleichzeitig wetterfest und hitzebeständig. So diente Birkenrinde, mit Tiersehnen zusammengenäht, schon dem Ötzi als Transportgefäß für seine kostbare Glut (Seite 107).

Geringelt

Der Stamm der KIRSCHE fällt schon von weitem auf, denn er ist quergeringelt. Bei diesen „Ringen" handelt es sich um Korkporen, die eine wichtige Funktion für die unterhalb der Rinde liegenden, stoffwechselaktiven Zellen haben: Hier gelangt Luft durch die ansonsten undurchlässige Rinde.

Schmerzstillend

Auf den ersten Blick wirkt die Rinde der SAL-WEIDE ganz und gar unspektakulär: Einfach glatt und grünlich grau. Im Alter wird die Rinde dann gröber und rissig. Tatsächlich fand man in der Rinde der Weiden das Salicyn, den Vorläufer des wohl populärsten Schmerzmittels überhaupt (Seite 123).

Silber mit Diamanten

Diese Rinde sieht man häufig, denn die SILBER-PAPPEL wächst nicht nur wild an Flussufern, sondern wird auch angepflanzt. Auffällig ist das hübsche Silbergrau ihrer Rinde. Bei genauerer Betrachtung fallen die diamantförmigen Flecken auf – das sind Korkporen wie bei der Kirsche.

Projekt: Weihnacht für die Tiere

1 Ein Weihnachtsbaum für Tiere

Der Winter ist für unsere Wildtiere eine schwere Zeit. Die saftigen Herbstfrüchte aus den Hecken sind fast alle verspeist, es fliegen keine Insekten mehr, die Samen aus Gräsern und Kräutern hat der Wind heraus-geschüttelt und unter dem Schnee haben Eichhörnchen und Eichelhäher es schwer, ihre Vorräte wiederzufinden. Unsere Rehe leben im Winter fast ausschließlich von Baumrinde.

Aus Skandinavien kommt die schöne Tradi-tion, an Weihnachten auch an die Tiere vor unserer Haustür zu denken: Jedes Jahr zu Weihnachten schmücken wir draußen einen Baum mit Leckereien, streuen feierlich vor der Bescherung Vogelfutter im Wald aus oder besuchen die Tiere im nahen Wildpark noch ein letztes Mal in diesem Jahr. Nach soviel frischer Luft und Bewegung macht die Bescherung mit ausgelasteten Kindern noch einmal so viel Spaß!

2 Weihnachten im Tierpark

Die meisten Menschen besuchen Zoos und Tierparks Sommer – dabei ist die Stimmung hier im Winter oft besonders schön und sehr beschaulich. Beim Füttern der handzahmen Tiere lässt sich besonders schön vermitteln, dass Weihnachten ein Fest des Gebens und Nehmens gleichzeitig ist. Und Kinder schen-ken von Natur aus von Herzen gern – und wenn der Tierpark nicht so überfüllt ist, macht es doppelt Spaß.

3 Zum Fressen schön

→ Vorbereitung: Meisenknödel, Meisenringe, Erdnussketten, Hirsezweige, kleine Futtersilos (siehe hierzu auch die Rezepte auf den Seiten 112/113), Äpfel, Heu, Möhren, Maiskolben

Für die Vögel hängen wir Äpfel und viele verschiedene Sorten Vogelfutter auf, da-mit möglichst viele verschiedene Arten hier etwas zu Picken finden. Maiskolben, Möhren und Erdnussketten sind für Eich-hörnchen und Mäuse. Schmücken wir den

Baum in freier Natur, so legen wir noch Heu für die Rehe darunter und die letzten gesammelten Eicheln und Kastanien für die Wildschweine. Regelmäßig besuchen wir „unseren" Baum um zu schauen, ob hier schon geknabbert wurde. Am schnellsten sind immer die Meisenknödel weg, dann hängen wir neue auf.

4 Leckerer Adventskranz

➔ Vorbereitung: ein Unterkranz aus Stroh, lange Schnur, grüne Nadelzweige, Draht, verschiedene Vogelfutter-Sorten

Ein Adventskranz sieht nicht nur im Wohnzimmer hübsch aus. Draußen freuen sich die Vögel am leckeren Schmuck und an der frischen Luft nadelt der Kranz auch nicht. So ein Kranz ist schnell und unkompliziert gebunden: Fichten- oder Tannenzweige auf etwa 15 cm Länge schneiden und jeweils 2–3 Zweige mit Blumendraht zusammenbinden. Diese Büschel so um den Unterkranz wickeln, dass möglichst kein Stroh mehr zu sehen ist. In möglichst gleichmäßigen Abständen 4 Schnüre anbringen und den Kranz mit hübschem Futter dekorieren.

5 Weihnachtsmann und Tiere

Manche Wildparks haben an Heiligabend besondere Service-Angebote: So kommt im schleswig-holsteinischen Wildpark Eekholt jedes Jahr der Weihnachtsmann persönlich vorbei, um gemeinsam mit den Kindern die Tiere zu füttern, die Weihnachtsgeschichte aus Sicht der Tiere zu erzählen und um mit den Kindern am Lagerfeuer Bratäpfel zu rösten. Was der Wildpark in Ihrer Nähe zu bieten hat, finden Sie mit wenigen Mausklicks unter www.zoo-infos.de.

6 Fackellauf im Wald

➔ Vorbereitung: für jedes Schulkind eine Fackel, Kindergartenkinder laufen besser mit Laterne, für jedes Kind ein Säckchen mit Vogelfutter

Ist die Bescherung nicht mehr weit, ist so ein feierlicher Fackelzug durch den dunklen Wald genau das Richtige für aufgeregte Kinder, die jetzt gar nicht mehr still sitzen können. Wenn Sie den Kindern erklären, dass die Vögel ja auch noch ihre Geschenke brauchen, werden Sie sie sicher noch einmal aus dem Haus locken können. Besonders mit der Aussicht auf einen festlichen Fackelzug. Vielleicht planen Sie diesen Zug gemeinsam mit Freunden ein, das macht den Kindern noch mehr Spaß und die Erwachsenen können „in Ruhe" den Abend vorbereiten.

Fische im Winter

Im Winter wirkt die Natur manchmal recht trostlos. Es fehlen die Blumen, das Grün, die Käfer und Schmetterlinge – und die Wärme. Gerade jetzt gibt es aber interessantes Getier zu entdecken, das der Kälte trotzt! Also Gummistiefel und den Kescher rausgeholt und auf zum nächsten sonnigen Graben.

In flachen Gräben leben oft massenhaft Stichlinge. Das sind faszinierende, kleine Fische, bei denen das Männchen ein buntes Hochzeitskleid anlegt, ein Nest baut, die Eier ausbrütet und seine Jungen bewacht. Stichlinge lassen sich gut in einem Kaltwasser-Aquarium halten und beobachten. So ein Aquarium ist viel einfacher zu pflegen als die herkömmlichen Aquarien mit tropischen Fischen. Und wenn der nächste Urlaub ansteht, können die Stichlinge problemlos wieder in heimische Gewässer entlassen werden.

Mein Kaltwasser-Aquarium

→ Vorbereitung: ein Aquarium (Mindestgröße 60 l) mit Filter und Beleuchtung; als Futter gefrorene Würmer oder gefrorene Mückenlarven aus dem Zoogeschäft, 3 Stichlinge

Zuerst muss das Kaltwasser-Aquarium mit Filter und Beleuchtung eingerichtet werden. Das gibt es oft schon sehr preiswert als Komplettsatz im Zoogeschäft. Auf den Boden kommen Kies, einige Steine und Wasserpflanzen aus dem Graben, als Wasser nimmt man am besten das Wasser, aus dem die Fische stammen, vermischt mit Leitungswasser. Es sollte etwa 18 °C warm sein.

Wenn das Becken fertig eingerichtet ist, müssen sich die Kinder noch fünf Tage gedulden, bis die Stichlinge hinein dürfen. Zu fressen bekommen sie gefrorene Mückenlarven oder Würmer aus dem Zoogeschäft. Alle zwei Wochen sollte

ein Drittel des Wassers gegen frisches Leitungswasser ausgetauscht werden.

Tipp: Stichlinge können Sie auch im Zoogeschäft kaufen.

Hochzeit im eisigen Wasser

In klaren sauerstoffreichen Bächen lebt die Bachforelle. Sie ist im Winter besonders aktiv: Zwischen Dezember und März feiern Bachforellen Hochzeit. So ist garantiert, dass ihr Nachwuchs dann zur Welt kommt, wenn es im Bach genügend Beutetierchen gibt!

Zunächst ziehen sie ein Stück bachaufwärts. Das Weibchen schlägt mit dem Schwanz eine Grube in den kiesigen Bodengrund und legt 500–800 Eier hinein. Das

Frisch geschlüpft im eisigen Bach: Baby-Forelle mit ihrem großen „Vorratssack".

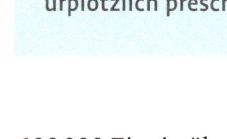

Flinker Räuber: Der Hecht kann geduldig warten – und urplötzlich prescht er hervor.

Die häufigen und robusten Stichlinge lassen sich gut beobachten.

100 000 Eier in überschwemmte Uferzonen. Weil sie so klebrig sind, bleiben sie oft am Gefieder von Wasservögeln hängen und werden so zum nächsten Teich transportiert. Nach 10–30 Tagen schlüpfen aus den Eiern die winzigen Jung-Hechte. Ein Jahr später sind manche schon bis zu 30 cm lang.

Männchen schwimmt über das Nest und gibt seine Samen dazu. Das eiskalte Wasser macht den winzigen, frisch geschlüpften Baby-Forellen nichts aus. Und Nahrung haben sie genug: Sie tragen einen Dottersack mit sich herum. Wenn es im Bach etwas wärmer wird finden die kleinen Forellen reichlich Insektenlarven.

Hecht

In Seen und Flüssen ist der Hecht zu Hause. Im Frühjahr legt das Weibchen locker

WUSSTEN SIE SCHON??

Das nächste Schau-Aquarium

Einen heimischen Hecht live erleben – kein Problem mit entsprechender Tauchausrüstung. Es geht natürlich auch anders: Unter www.zoo-infos.de finden Sie unter der Kategorie „Aquarien" eine Übersicht über sämtliche Schau-Aquarien in Deutschland, Österreich, der Schweiz und in Frankreich. Natürlich mit ausführlichen Infos über Artenbestand, Öffnungszeiten und speziellen Angeboten für Kinder.

Das Geheimnis von Schnee und Eis

Ob an Land, in Seen oder im Meer: Hätte unser Wasser nicht die Eigenschaft, sich in filigrane Kristalle zu verwandeln, die Pflanzen und Tiere mit einer wärmenden Decke aus Schnee schützen und würde Eis auf Gewässern nicht wie durch Zauberkraft oben schwimmen, könnte vieles Leben nicht existieren.

Magische Kristalle

Unter den Milliarden Schneeflocken einer Winternacht sollen noch nie zwei gleiche auf der Erde angekommen sein. Das sieht aber nur, wer eine Schneeflocke unter dem Mikroskop anschaut: Da gibt es Blumen, Sterne, Plättchen, Säulen – jede fein verzweigt und jede etwas anders.

Lassen Sie Ihre Kinder einmal die Zacken zählen – sie sind immer sechsstrahlig! Das erklärt sich aus dem Bau des Wassermoleküls: Ein Atom Sauerstoff ist hier mit zwei Atomen Wasserstoff verbunden, die im Winkel von 104 °C zueinander stehen. Daraus ergibt sich die Form eines Dreiecks. Gefriert Wasser zu

So sehen Eiskristalle unter dem Mikroskop aus: immer sechszackig!

WUSSTEN SIE SCHON??

Schützendes Eis

Hätte Wasser nicht diese geniale Eigenschaft, leichter zu werden, wenn es unter eine bestimmte Temperatur abkühlt, wäre vieles Leben auf unserer Erde tatsächlich undenkbar. Wissenschaftler nennen das die „Dichteanomalie des Wassers". Bei 4 °C ist Wasser am schwersten und sackt zu Boden. Wird es aber noch kälter, so steigt es auf – und schwimmt als Eis oben auf dem Wasser.

So können Pflanzen und Tiere im Wasser, ob im zugefrorenen See oder unter den Eismassen an Nord- und Südpol weiterleben ohne zu gefrieren. Würden Seen und das Meer vom Grund her zufrieren, wäre das Leben in solchen gefrierenden Gewässern nicht möglich.

Eis, lagern sich diese Dreiecke zu größeren Sechsecken aneinander.

Ob daraus eine Blume, ein Stern oder eine andere sechszackige Form heranwächst, wird von den Reisebedingungen der Schneeflocke zur Erde bestimmt: In kälteren Luftschichten können sich neue Wassermoleküle anlagern und schnell zu dünnen Nadeln auswachsen, in wärmeren Bereichen wird dieses Wachstum sofort gestoppt. Die Eiskristalle schmelzen vom Rand her, bis es wieder kühler wird. So bilden sich hier langsam geschlossene Eisflächen am Kristall. So erzählt jede Schneeflocke ihre eigene Geschichte vom Flug zur Erde.

Warm und federleicht

Eine Decke aus frisch gefallenen Schneeflocken ist federleicht – und wärmt! Sie besteht nämlich nur zu etwa 10 % aus Wasser – der Rest ist Luft. Alle Zwischenräume in den fein verzweigten Schneekristallen werden von Luft erfüllt. Und die isoliert und hält warm, genau wie bei einem gemütlichen Federbett. So schützt die Schneedecke die darunterliegende Erde, Blumen und Tiere vor dem Erfrieren.

Wie richtige Schneeflocken

➜ Vorbereitung: Untertasse, weißes Zeichenpapier, Schere, Klebestreifen

Während unsere Kinder noch sehnsüchtig auf den ersten Schnee warten, zaubern diese naturgetreuen Schneeflocken schon den Winter an unsere Fenster. Die Untertasse

Eine federleichte Schneedecke schützt Pflanzen und Tiere vor dem Erfrieren.

verkehrt herum auf das Zeichenpapier legen und mit dem Bleistift einmal um den Rand fahren. Diesen Kreis ausschneiden und einmal in der Mitte falten. Den Halbkreis dreimal falten (zu je 1/3). Sie erhalten ein „Tortenstück", das Sie an seinem runden Ende mit einem tiefen Keil einschneiden. Die beiden geraden Seiten versehen Sie mit kleinen, dreieckigen oder halbrunden Einschnitten. Falten Sie das Papier auseinander – jede Schneeflocke sieht garantiert anders aus. Aber immer sechszackig!

Schwimmender Eisberg

➜ Vorbereitung: Plastikdose, Wasser, eine Schale mit Wasser, eventuell eine Eisbären-Spielfigur

Füllen Sie eine Plastikdose mit Wasser und stellen sie über Nacht ins Gefrierfach. Ist das Wasser darin zum „Eisberg" gefroren, wird dieser vorsichtig mit etwas warmem Wasser herausgelöst und in eine Schale mit Wasser gelegt. Was passiert? Haben Ihre Kinder eine Erklärung dafür?

Übrigens schwimmen Eisberge der Arktis und Antarktis ebenso: Halb unter Wasser und nur „mit der Spitze des Eisbergs" über Wasser. Darauf können sich sogar schwere Tiere wie der Eisbär treiben lassen.

Experiment Eisberg: Der schwimmt und trägt sogar einen Eisbär!

Natur-Werkstatt: Zauberhaftes aus Moos

Eine Exkursion in den winterlichen Laubwald bringt manche Überraschung mit sich – hier ist es jetzt ja ganz licht geworden! Das öffnet den Blick für verborgene Zwergenhöhlen unter Baumwurzeln oder Moospolstern und für so manchen Schatz am Waldboden, aus dem wir daheim Winterliches basteln wollen.

Unsere „Hauptzutat" sind die Moose – dicke, grüne Polster am Waldboden, weich wie Fell oder aus Aberhunderten grünen Sternchen zusammengesetzt. Aber auch Rindenstückchen, Zweige, Eicheln, Pilze, Zapfen aus dem Fichtenwald oder Vogelfedern sind willkommene Schätze.

Zwergengärtchen

➜ Vorbereitung: Tonuntersetzer, 1 Handvoll Ton, Lehm oder Knete (Rezept zum Selbermachen Seite 99), Moos, kleine Zweige, Rinde, Zapfen und andere Wald-Schätze

Ihre Zwerge können die Kinder ganz nach ihrer eigenen Phantasie gestalten und in das Gärtchen setzen. Lassen Sie die Kinder den Tonuntersetzer großzügig mit Ton, Lehm

oder Knete belegen – darin halten Zäune aus Zweigen, Hütten aus Rinde und auch das Zwergen-Lichtlein. Manch ein Zwerg entsteht vielleicht aus einem Zapfen, ein anderer aus Knete oder einem knorrigen Ast. Zum Schluss wird der Boden mit Moos bedeckt.

Natürlich muss auch ein Zwergengarten hin und wieder gewässert werden – hier können die Kinder schön beobachten, wie sich das hellgrüne, trockene Moos nach dem Besprühen mit Wasser wieder in ein sattgrünes Moospolster verwandelt.

Kleiner Waldtroll

➜ Vorbereitung: ein Haselzweig, Moos, 1 Blatt, etwas Knete und Holzleim „express"

Sägen Sie ein etwa 8 cm langes Stück vom Haselzweig ab: Ein Ende soll gerade sein, das andere schräg. Das gerade Ende wird in die Knete als „Fuß" gesteckt, das schräge Ende wird das Trollgesicht: Kleben Sie dem Troll einen kleinen Zweig als Nase auf und darunter einen langen Rauschebart aus Moos. Das Blatt wird zur Zipfelmütze. Vielleicht wird es auch eine ganze Troll-Familie?

Lichterkranz

➜ Vorbereitung: Unterkranz aus Stroh, Moos, grüner Blumendraht, stabiler Silberdraht, Kerzen für Tannebäume

Legen Sie die Moospolster auf den Unterkranz aus Stroh und umwickeln Sie den Kranz mit Blumendraht. In diesen Moos-

WUSSTEN SIE SCHON??

Die trinken Nebel

Über 1000 verschiedene Moos-Arten wachsen in Mitteleuropa. So unscheinbar und klein sie scheinen: Für das Ökosystem Wald sind Moose von großer Bedeutung. Regnet es, saugen sie sich binnen Sekunden voll wie Schwämme – dieses Wasser geben sie nach und nach wieder an den Waldboden ab. Schon ein feiner Nebel genügt ihnen, um ihre Blätter nach langer Trockenheit zu entfalten. Mit der Feuchtigkeit aus der Luft nehmen sie auch Nährstoffe aus der Atmosphäre auf und machen sie so für das Ökosystem Wald verfügbar.

kranz werden die Kerzen gesteckt. Dazu schneiden Sie jeweils ein 20 cm langes Stück vom Silberdraht ab, wickeln es fest um den unteren Teil einer Kerze, bis noch etwa 10 cm übrig sind und pieksen dieses Endstück in den Kranz. Ist die Kerze darin abgebrannt, kann sie leicht durch eine neue Kerze ersetzt werden.

Kinderleicht: Einfach einen Strohkranz mit vielen Moospolstern umwickeln.

Blütenzauber im Winter

➡ Vorbereitung: ein großes Glas, Moos, 3–4 Blumenzwiebeln (zum Beispiel Hyazinthen), Wasser

Kleiden Sie den Glasboden mit Moos aus und setzen Sie die Blumenzwiebeln mit der Wurzelseite nach unten darauf. Stopfen Sie den Boden ringsherum mit Moos aus und gießen Sie alles gut an (Erde ist nicht nötig – Blumenzwiebeln haben ihre Nährstoffe in der Zwiebel dabei). An einen hellen Ort stellen und regelmäßig wässern. Dabei sollten die Zwiebeln nicht im Wasser stehen, sonst könnten sie schimmeln. Bald sprießt aus den Zwiebeln das erste Grün und in wenigen Wochen, lange bevor endlich der langersehnte Frühling bei uns Einzug hält, blüht es schon in Ihrem Moos-Glas!

Zapfentroll und Lehmzwerg: Jedes Waldwesen bekommt sein eigenes Zuhause.

INFO-ECKE

Nützliche Adressen

BfN
Bundesamt für Naturschutz
Zentrale wissenschaftliche Behörde
des Bundes für den nationalen
und internationalen Naturschutz
Konstantinstr. 110
53179 Bonn
Tel.: 02 28/84 91 40
www.bfn.de

Naturdetektive
Jugend-Multimeda-Projekt des BfN
www.naturdetektive.de

BUND
Bund für Umwelt und Naturschutz
Deutschland
Artenschutz, Umweltschutz, Naturschutz
Am Köllnischen Park 1
10179 Berlin
Tel.: 030/2 75 86-40
 www.BUND.net

BUNDjugend
Umweltpolitische Jugendorganisation
des BUND
Am Köllnischen Park 1A
10179 Berlin
Tel.: 030/2 75 86-50
 www.bundjugend.de

NABU
Naturschutzbund Deutschland e.V.
Artenschutz, Naturschutz und Natur erleben
Charitestr. 3
10117 Berlin
Tel.: 030/28 49 84-0
www.NABU.de

NAJU
Jugendorganisation des NABU
Umwelt- und Naturschutzaktivitäten
für Kinder und Jugendliche
Charitestr. 3
10117 Berlin
Tel.: 030/28 49 84-1900
www.NAJU.de

WWF Deutschland
Internationale Organisation für
Natur- und Tierschutz
Rebstöcker Straße 55
60326 Frankfurt
Tel.: 069/7 91 44-0
www.WWF.de

Young Panda
Jugendprogramm des WWF Deutschland
Infos für Kinder und Teens über bedrohte Tiere
und Pflanzen
Camps, Wissen, Spiel & Spass
Rebstöcker Straße 55
60326 Frankfurt
Tel.: 069/7 91 44-178
www.young-panda.de

www.ulmer.de
Aktuelle Informationen, Bücher und
Zeitschriften zu den Themen Natur, Garten,
Pflanzen und Tiere

Wichtige Informationen

Beim Verzehr roher Wildfrüchte besteht das Risiko einer Infektion mit dem Kleinen Fuchsbandwurm. So gehen Sie sicher: Nur solche Früchte roh essen, die mehr als hüfthoch wachsen. Früchte, die niedriger am Waldboden wachsen, sollten abgekocht werden – das tötet die Erreger.

Vom Frühjahr bis in den Spätsommer sind in Wiesen und Wäldern Zecken zu Hause, die Krankheiten übertragen können. Langärmlige Kleidung, ein Käppi und ein Zecken-Mückenschutzmittel bieten einen gewissen Schutz. Abends vor dem Schlafengehen die Kinder in dieser Zeit immer nach Zecken absuchen. Rötet sich ein Zeckenbiss, bitte einen Arzt aufsuchen.

Giftnotruf Berlin
Info über Gifte, Giftpflanzen und Pilze
Telefonische ärztliche Hilfe rund um die Uhr
Tel.: 030-1 92 40 (Tag und Nacht)
mail@giftnotruf.de

Buchtipps

*Mit über 1700 Tier- und Pflanzenarten
sehr umfassend:*
**Steinbachs großer Tier- &
Pflanzenführer**
Verlag Eugen Ulmer

Handliche Naturführer für unterwegs:
Steinbachs Naturführer für die Familie
Verlag Eugen Ulmer

Naturführer für unterwegs
Frank und Katrin Hecker
Kosmos Verlag

*Mit über 850 Wildblumen, Sträuchern
und Bäumen:*
Steinbachs großer Pflanzenführer
Bruno P. Kremer
Verlag Eugen Ulmer

Bäume erkennen im Winter:
Taschenatlas Knospen und Zweige
Berndt Schultz
Verlag Eugen Ulmer

*Entdecken, sammeln und verarbeiten
unserer häufigsten Pilze:*
Pilz in Sicht! / Pilz im Topf!
Renate Volk, Friedhelm Volk
Verlag Eugen Ulmer

*Über 200 heimische Pilze in ausführlichen
Porträts:*
Ulmer Naturführer Pilze
Renate Volk, Friedhelm Volk
Verlag Eugen Ulmer

Vögel schnell erkannt:
Steinbachs großer Vogelführer
Anette Puchta, Klaus Richarz
Verlag Eugen Ulmer

Vogelführer für unterwegs
Frank und Katrin Hecker
Kosmos Verlag

Handliches Buch mit viel Inhalt:
Steinbachs Naturführer Insekten
Heiko Bellmann
Verlag Eugen Ulmer

Welche Biene wohnt hier?
Bestimmungsbücher machen schlau!

*Tag- und Nachtfalter erkennen im
Taschenbuchformat:*
Steinbachs Naturführer Schmetterlinge
Heiko Bellmann
Verlag Eugen Ulmer

Fledermäuse aufspüren:
Fledermaus-Detektor mit CD
Kosmos

Fußabdrücke, Nester, Fraßspuren und mehr:
Ulmer Naturführer Tierspuren
Klaus Richarz
Verlag Eugen Ulmer

Welche Tierspur ist das?
Frank und Katrin Hecker
Kosmos Verlag

Register

Bildnachweis

Die Umschlagfotos und die Fotos des Innenteils
stammen von Frank Hecker bis auf die folgenden:
Bildagentur Waldhäusl/BAO: 39.8;
Bildagentur Waldhäusl/PantherMedia/
   Irina Drazowa: 39.9;
Blickwinkel/Kottmann: 67 o.l.; Otmar Diez: 11
Hochsommer, 39.1, 39.5;
fotolia.com/Alle: 11 Spätsommer;
fotolia.com/Annett Goebel: 11 Vollherbst;
fotolia.com/Ramona Heim: 11 Winter;

fotolia.com/rocter: 11 Spätherbst;
iStockphoto.com/Gabor Izso: 11 Frühherbst;
iStockphoto.com/Ivan Mateev: 39.4;
iStockphoto.com/Leonid Nyshko: 39.7;
iStockphoto.com/Maren Pentek: 11 Vollfrühling;
iStockphoto.com/Sergey Chushkin: 39.6;
iStockphoto.com/Suzannah Skelton: 39.2;
Mestel/Hecker: 94, 97 u.l., 97 u.r.;
M. Pforr: 11 Vorfrühling, 11 Frühsommer.

Impressum

Bibliografische Information der Deutschen Nationalbibliothek
Die Deutsche Nationalbibliothek verzeichnet diese Publikation in der
Deutschen Nationalbibliografie; detaillierte bibliografische Daten sind im Internet über
http://dnb.d-nb.de abrufbar.

© 2009 Eugen Ulmer KG
Wollgrasweg 41, 70599 Stuttgart (Hohenheim)
Email: info@ulmer.de
Internet: www.ulmer.de
Lektorat: Ina Vetter, Christine Schneider
Herstellung: Silke Reuter
Umschlagentwurf, Innenlayout: Wiebke Hengst, Ostfildern
Druck und Bindung: Firmengruppe APPL, aprinta Druck, Wemding
Printed in Germany

ISBN 978-3-8001-5486-9

Der Natur auf der Spur

- **Beschreibungstexte und Fotos auf einen Blick**
- **Zahlreiche farbige Detail-Zeichnungen**
- **Extra-Informationen zu den Pflanzen und Tieren**

- **Natur-Abenteuer**
- **Bestimmungsteil der häufigsten Pflanzen und Tiere**
- **Sonderteil: Alpen und Küste**

Übersichtlicher geht's nicht: Mit diesem umfassenden, attraktiven Tier- und Pflanzenführer in bewährter Steinbach-Qualität bestimmen Sie nicht nur leicht und sicher, Sie erfahren auch Interessantes und Spannendes zu den Arten. Eine riesige Artenfülle von 1700 Tieren und Pflanzen zum kleinen Preis. Entdecken Sie die Vielfalt der Natur!

Spannende Informationen zu den häufigsten Tieren und Pflanzen in unserer Umgebung machen die Natur zum Erlebnis. Durch rund 300 Farbfotos und viele farbige Detailzeichnungen ist die Bestimmung kinderleicht. Viele Vorschläge für Natur-Abenteuer sorgen für Abwechslung und Spaß. Mit den Sonderteilen Alpen und Küste gehört dieses Buch immer ins Urlaubsgepäck!

Steinbachs Großer Tier- & Pflanzenführer.

H. Bellmann, H. Grünert, R. Grünert, U. Hartmann, K. Janke, B. Kremer, A. Puchta, K. Richarz. 2006. 895 S., 2110 Farbf., 550 Zeichn., geb. ISBN 978-3-8001-4465-5.

Steinbachs Naturführer für die Familie.

Mit 11 Natur-Abenteuern. H. Bellmann, X. Finkenzeller, H. Grünert, R. Grünert, U. Hartmann, F. Hecker, K. Hecker, K. Janke, B. Kremer, A. Puchta, K. Richarz. 2007. 191 S., 413 Farbf., 102 Zeichn., kart. ISBN 978-3-8001-5363-3.

Ulmer www.ulmer.de